文經閣

貧者因書而富
富者因書而貴

文經閣

貧者因書而富
富者因書而貴

先秦經典智慧名言故事叢書

張樹驊◎主編

戰爭藝術

孫子兵法

智慧名言故事

《孫子兵法》是兵家的一部經典性的理論著作，千百年來一直享有著極高的聲譽，對我國的傳統兵學都產生了深遠的影響。《孫子兵法》是我國存世的第一部兵書，它總結了春秋及以前歷代的軍事思想。戰爭是政治的繼續，也是政治爭鬥的最後解決方式。對此，孫子有著清醒的認知。戰爭必須以國內政治為基礎，「道」即政治的意義多次被孫子關注，提出應「修道而保法」。他更將道列為「五事」、「七計」之首。相對於對政治的關注，更為精彩的是孫子戰爭規律、謀略原則、具體戰法的總結和創新。《孫子兵法》被全世界軍事家、政治家，甚至金融經濟學奉為「致勝聖典」。

張頌之◎編著

導讀

《孫子兵法》是兵家一部經典性的理論著作，千百年來一直享有極高的聲譽，對我國的傳統兵學及世界兵學都產生了深遠的影響。

《孫子兵法》是春秋末年齊國的孫武所著。孫武字長卿，世人尊稱孫子，是齊國的貴族陳氏後裔。其祖陳書（田完的四世孫），因伐莒有功，被齊景公賜姓孫氏，食采邑於樂安。孫書生子馮，馮生武。後因齊國內亂，孫武來到了吳國。當時，吳國正與楚國爭霸，伍子胥把孫武推薦給了吳王闔閭，孫子向吳王獻上兵法十三篇，吳王大加稱讚，並且要求馬上當面實踐一下。於是孫武就以宮女為演練隊伍，並且以吳王的兩名寵姬為隊長，各領一隊，操練起來。孫武首先告訴她們如何前後進退左右旋轉的步伐，並要求她們聽鼓聲動作。可是，一通鼓聲過後，宮女們前仰後倒，嬉笑不止。孫武遂再次申明動作及紀律，並且親自擊鼓，宮女們依然嬉笑不止。孫武大怒，命令軍法官執行軍法說：軍令不明是將領的過錯，軍令已經多次申明而士卒不用命，則是軍士的過錯。於是，他下令斬殺兩名隊長嚴明軍令。吳王見孫武要斬殺自己的寵姬，忙派人來制止。孫武卻說：受命為將則將在軍、君命有所不受。說完，就斬了那兩名寵姬。宮女們人人驚懼，再次演練，都寂然無聲，全部按號令行動，再也沒有違規犯紀的了。

孫武的事蹟在《春秋》的經傳中沒有任何記載，只見於《史記》和《吳越春秋》，而《史記》又有齊國孫臏的記載，《漢書．藝文志》所記載的《孫臏兵法》後世又失傳，因此，後人對孫武其人和《孫子兵法》的真實性有所懷疑，認為傳世的《孫子兵法》即《孫臏兵法》。一九七二年在山東臨沂銀雀山漢墓同時出土了《孫子兵法》和《孫臏兵法》，其中《孫子兵法》的殘篇《吳問》記載了孫武和吳王的對話，證明了孫武的事蹟和傳世的《孫子兵法》都是真實的，近千年的疑案終於揭開，不能不說是中國學術界的一件大事，也是中國兵學歷史上的一件大事。

《孫子兵法》是我國存世的第一部兵書，它總結了春秋及以前歷代的軍事思想。戰爭是政治的繼續，也是政治爭鬥的最後解決方式。對此，孫子有著清醒的認知。戰爭必須以國內政治為基礎，「道」即政治的意義多次被孫子關注，提出應「修道而保法」。他更將道列為「五事」、「七計」之首。相對於對政治的關注，更為精彩的是孫子戰爭規律、謀略原則、具體戰法的總結和創新。

春秋時代頻繁的戰爭使孫武意識到：戰爭是不可避免的，對待戰爭一定要認真、慎重，因此他說：「無恃其不來，恃吾有以待之；無恃其不攻，恃吾有所不可攻也。」（《孫子兵法・九變篇》，下引僅注篇名）嚴酷的戰爭是關係到國家存亡、人民生死的大事，必須慎重對待。「兵者，國之大事，死生之地，存亡之道，不可不察也。」（《計篇》）在「亡國不可以復存，死者不可以復生」（《火攻篇》）的嚴峻而冷酷的現實面前，孫子以高度理性的態度看待戰爭，反對以任何感情上的衝動和任何觀念上的鬼神「天意」，來替代或影響理智的判斷和謀劃，而一切的軍事行動必須以現實利害為基礎和重點。「主不可以怒而興師，將不可以慍而致戰；合於利而動，不合於利而止。」（《火攻篇》）「先知者不可取於鬼神，不可象於事，不可驗於度，必取於人，知敵之情者也。」（《用間篇》）因此，為了在戰爭中能夠生存下去，孫子便要求「先計而後戰」，注重廟算。所謂廟算，就是戰前所進行的謀劃和預測。孫子從戰爭的角度大張旗鼓地提出：「兵者，詭道也。」「兵以詐立。」

正因為兵家追求的是勝利，所以兵家的立足點就是廟算詭道。詭道的策劃在此有了極為現實的意義。它是基於對現象的觀察，天時（氣候的種種變化）、地利（地形的險易、高下、遠近、河流、山川等）、人事（包括將領、法令、政治、士卒、軍需等）等等現象都是兵家必須仔細觀察的。不僅如此，還要知彼知己：「知彼知己，百戰不殆；不知彼而知己，一勝一負；不知彼不知己，每戰必殆。」（《謀攻篇》）「知吾卒之可以擊，而不知敵之不可擊，勝之半也；知敵之可擊，而不知吾卒之不可以擊，勝之半也；知敵之可擊，知吾卒之可以擊，而不知地形之不可以戰，勝之半也。」（《地形篇》）戰爭中具體情況千變萬化，不僅忌諱紙上空談，也忌諱按既定方針的刻板教條，因敵、因地、因時靈活用兵才是兵家制勝的法寶。所以，「兵無常勢，水無常形，能因敵變化而取勝者，謂之神。」（《虛實篇》）

由於《孫子兵法》一書具有高度的理論性，它對一些戰爭規律的總結具有高度的濃縮性質，就連其中對於一些特殊條件下的具體戰法等等，也同樣僅僅是片言隻語的指導性話語。因此，在《孫子兵法》一書中幾乎沒有可以選取的故事。但是《孫子兵法》的精神，乃至它的具體用兵原則，千百年來卻一直輝耀於歷史的長河中。中國是一個戰爭頻繁的國度，本書中所選的故事幾乎都是歷史上發生過的事例。至於所選恰當與否，就有待讀者諸君的評判了。

兵者，國之大事

【名言】

孫子曰：「兵者，國之大事，死生之地，存亡之道，不可不察也。」

——《計篇》

【要義】

這是《孫子兵法》開篇的第一句話。在古代，戰爭是一個國家最重要的兩件大事中的一件（另一件事是祭祀），因此，生活於春秋末年的孫子在其兵法中就首先點出了戰爭的重要性。

這句話的大意是：戰爭是國家的大事，對於地形上的生死之勢，戰場上的存亡勝敗，這是不可不認真研究的。這種對戰爭重視和謹慎的態度，即使在現代依然有著積極的意義。

【故事】

兩千多年以前的戰國時代，是一個戰爭空前激烈的時代。列國爭強，經過多次相互爭戰拚殺，戰國七雄各自的國力及軍事的強弱次序逐漸明朗化了。當時，崛起於西方的秦國的優勢漸漸明顯，而山東六國在強秦的打擊下，日益敗落。山東六國為了避免落入被強秦蠶食而滅亡的命運，就聯合起來，組成連橫陣線以共同抵抗秦國的猛烈進攻，而這一連橫政策的確也阻止了秦國東進的步伐。秦國為了打破山東六國的連橫，也以合縱陣線破壞連橫陣線，並且成功的以遠交近攻的政策對與秦相近的韓、魏等國的實力加以頻頻削弱。

到戰國後期，山東六國以楚、齊、趙三國的力量相對強大一些。但是，到戰國末年，楚國在秦國強大的軍事打擊下逐漸衰弱下去了，趙國經過與秦國的長平之戰也實力大減，只有齊國的軍事力量尚可。此時，強秦意圖吞併山東六國，一統天下的目的已經是十分明顯了。秦國的軍事力量已經在東方衛國的舊地建立了根據地，用兵的主要方向是韓、魏等國，而韓、魏等國也忙於應付秦國的蠶食進攻，這就暫時使處在最東邊的齊國戰事大為減少，國內維持著相對平和的局面。同時，秦國的遠交近攻政策也深深地影響了齊國。

齊王建元年（前二六四年），齊襄王死，齊王建即位。齊王建年幼，國家大事由他的母親君王后聽政。君王后的治國外交政策是：小心謹慎地侍奉秦國，與各國講信義，自守其國，不參與列國之間的戰爭。齊國外交上採取的這種孤立主義的政策，正是秦國日夜渴求的，促使秦國加緊對山東各國步步蠶食，勢力不斷地向東方推進。

齊王建六年，秦進攻趙國的長平（今山西高平西北），齊國與楚國計劃救援趙國。秦國得知這一情況後，決策者們就分析當時的情況：齊國和楚國出兵救援趙國，如果他們之間的關係親密，我方就退兵，如果他們之間的關係不和睦，我方就加緊攻擊趙國。其時趙國軍糧短缺，遂向齊國請求救援一些糧食，而君王后和齊王建則不同意。

齊國的謀士周子勸說齊王救援趙國：「我們不如聽從趙國的救援請求以迫使秦國退兵，如果不聽從趙國的請求促使秦國退兵，那樣，秦國的計謀就得逞了，而齊國、楚國的計謀就失敗了。並且趙國對於齊、楚兩國而言，是齊、楚的前沿屏障，如同牙齒有嘴唇的保護一樣，嘴唇沒有了，牙齒就感到寒冷了。今天如果秦國滅亡了趙國，明天的禍患就輪到齊國和楚國了。救援趙國是當前的要務，刻不容緩。而且救援趙國，那是顯示我們高義的行為，如果能迫使秦國退兵，正是我齊國提高聲譽的大好時機。仗義救援將要滅亡的趙國，同時威退強秦的軍隊，我們不將注意力用在這一點上而一定要愛惜糧食，當政者的決策就是錯誤的。」

周子的建議最終沒有被當政者採納。趙國是當時唯一有力量與秦國抗衡並抑制秦國東進的國家，而齊國在趙國進行頑強抵抗時，見死不救，既失去了道義，同時也助長了秦國的氣焰。趙國長平一戰，實力大損，由此加快了秦國滅亡山東六國的步伐。

齊王建十六年（前二四九年），君王后死，齊王建親政，他懦弱無為，不思進取，依然奉行母親的「謹事秦」的政策，不修戰備，也不幫助其他五國。齊王建十八年（前二四七年），秦國派蒙驁伐魏國，魏國屢次失敗，魏國公子信陵君就向各國求援，燕、趙、韓、楚等國家紛紛出兵救魏，然而齊國卻沒有出兵。齊王建二十三年，秦國的勢力進入東方，建立了東郡（治所在濮陽，今河南濮陽西南），國土已經與齊國接境。山東各國感受到了強秦的空前壓力。齊王建二十四年（前二四一年），趙國將軍龐煖組織召集山東各國軍隊合縱攻秦，此時的齊國依然不參加其他國家的反秦活動，也不積極加強自己的防備。

秦國從齊王建三十五年（前二三〇年）開始，展開了吞併六國的軍事大進攻，此年，秦國滅亡韓國。次年，秦滅亡趙國，趙公子嘉逃到代郡，自立為代王。齊王建三十八年（前二二七年），秦進攻燕國，次年，燕國滅亡，燕王逃到遼東。齊王建四十年（前二二五年），秦滅亡魏國，兵鋒已經到達齊國的歷下。齊王建四十二年（前二二三年），秦滅楚。第二年，秦將趙、燕的殘餘勢力徹底消滅。就在秦國大舉東進消滅山東六國的進程中，齊國內部力量急遽腐敗，齊相后勝接受秦國的賄賂，多次派遣賓客出使秦，秦對齊國的使臣大加賄賂，這些使臣就成了秦國的間諜，回國後勸齊王建不要參加合縱，應該侍奉秦國，齊國遂不修攻戰之備，也不幫助五國攻秦。山東五國相繼滅亡，最後滅亡的命運終於輪到齊國了。齊王建四十四年（前二二一年），秦國輕而易舉地就滅亡了齊國，將齊王遷到共（今河南輝縣）地，齊王後來被活活餓死。

齊國在最後四十餘年的時間裡，由於奉行謹事秦的政策，國內有四十餘年沒有戰爭的紀錄，但謹事秦的政策也使齊國不修戰備，當政者以為如此就可以苟且偷安了，對任何積極的建議概不採信，一味地執行孤立主義的軍事外交政策，最後只落得一個束手就擒的可恥命運。孫子所謂的「兵者，國之大事，死生之地，存亡之道」的深刻洞見在此得到了一個很好的反面例證。

將者，智信仁勇嚴也

【名言】

將者，智、信、仁、勇、嚴也。

——《計篇》

【要義】

這是孫子要求對軍事問題進行計算、核實情況的五項衡量中的第四項，其他四項是：道義、天時、地利、法規。此句話的大意是：作為軍事指揮者將領，應當具備智慧、誠信、仁慈、勇敢、嚴明五項條件。

孫子極為注重將領的選擇問題，他認為將領是關係國家安危、人民生死的關鍵。事實也說明，一位優秀的軍事指揮官，不僅需要超凡的智慧，而且應當具備誠信、仁慈、勇敢等優良的品德，還要治軍嚴明，才能確保戰爭的順利進行。相反的，作為軍事指揮官，如果不具備這五項條件，或不具備其中的某項，則往往給予對方攻擊打敗的機會。

【故事】

齊國在景公時代（前五四七－前四九〇年）曾經受到晉國和燕國的討伐。晉國攻打齊國阿（今山東東阿）、甄等地區，燕國攻打齊國河上地區。一時間，齊國形勢危急，齊景公對此深為憂慮。晏嬰就向齊景公推薦了田氏家族一個叫田穰苴（穰苴音ㄖㄤˊ ㄐㄩ）的人，並說，田穰苴這人文能安撫眾人，武能威懾敵人，是個不可多得的文武全才，希望國君能考驗考驗他。

齊景公聽後，立刻召見田穰苴，與他交談了一些國際國內的形勢，以及對即將發生的戰爭的看法。齊景公在與田穰苴的會見結束後，十分高興，就任命田穰苴為將軍，領兵前去反擊來犯的晉國和燕國的軍隊。

田穰苴在出兵之前對齊景公說：「微臣向來卑賤，地位低下，國君您提拔微臣於軍旅之中，位在大夫之上，給了我如此高的榮譽，但是，軍隊中的士兵並不服從我，百姓也不信任我，我依然是人微權輕，因此，我希望得到一個您所寵信、地位尊貴的人，到軍隊中做監軍，這樣，我才可以出兵迎敵。」景公答應了，並派他的寵臣莊賈任監軍。田穰苴遂與莊賈約定：第二天中午時分在軍營大門相見。

第二天一大早，將軍田穰苴早早來到軍營，立木表，置水漏，計算時間，等待莊賈的到來。而莊賈依仗景公的寵信，素來驕橫，認為帶領自己國家的軍隊，自己又是軍隊的監軍，也就對田穰苴和他的約定不放在心上。這一天，他即將出任監軍，親戚朋友都來餞行，他就留下來與送行者飲酒話別。到了中午時分，莊賈還沒有如約來到軍營。

田穰苴在軍營中等莊賈到中午時分，見時間已過，就命令放倒木表，放出水漏中的水。田穰苴進入軍營，召集軍隊全體官兵集合，申明軍隊紀律，令行禁止，繼續等待監軍的到來。到了傍晚，莊賈才姍姍來遲。田穰苴問莊賈：「為什麼我們已經約定好了時間，你還來晚了？」

莊賈道歉道：「我的親戚朋友來為我餞行，與他們飲了幾杯酒，所以來晚了。」

田穰苴卻嚴厲地說：「將軍受命的那一天就應當忘掉自己的家庭，到軍隊中申明紀律則應當忘掉自己的親人，在戰場上手操鼓槌以急促地擂鼓則應當忘掉自己的身家性命。現在敵人的軍隊已經深入我國的領土，國內騷動，人心不安，士兵已經集結來到前線嚴陣以待；國君為此睡覺不安穩，吃飯不香甜，百姓的命運安危都操縱在您的手中，您怎麼還說來晚了是親友相送的緣故。」說完，他叫來軍法官問道：「軍法中規定，軍隊集合時間已經定下來，而來晚的，應當如何處置？」

軍法官簡潔地回答：「應當殺頭。」

聽到殺頭，莊賈害怕了，急忙派親信飛快地去向景公報告，請求景公救援。親信飛奔而去，還沒有等莊賈的親信回來，田穰苴就已經將莊賈的頭砍下來並向全軍巡行示眾。三軍將士見國君的寵臣因為違約而被殺頭，上下震驚，深感田穰苴的軍紀嚴明，誰也不敢出一口大氣。

過了好一會兒，景公派的使者坐車飛馳闖入軍中，手持命令要求赦免莊賈。田穰苴說道：「將軍在軍隊中，國君的命令有時可以不接受。」又問軍法官：「在軍營中坐車奔馳，應當如何處置？」

軍法官還是簡潔地回答說：「應當殺頭。」

使者一聽，懼怕萬分，連忙請罪，穰苴說：「國君的使者不可以輕易殺掉。」遂命令殺死使者的僕從，並將使者車上左邊的立木砍下一段，殺死左邊的一匹馬，又巡視全軍。然後讓使者回去向景公覆命，並開始指揮軍隊進發。

在行軍路上，部隊安營住宿、吃飯飲水、生病士兵的病情及吃藥情況，田穰苴親自一一過問。他還命令將官們把自己的糧食拿出來全部分給士兵，他自己也與士兵一樣平分食物，往往與最瘦弱的士兵一樣多。幾天後，再度整頓軍隊，那些生病的士兵都爭著要求奔赴前線，與敵死戰。晉國的軍隊聽到這一情況後，連忙退兵。燕國軍隊也渡過黃河北去。

齊國軍隊乘勢追擊，遂一舉收復了境內失陷的所有土地。

田穰苴治兵嚴明而有信，關心士兵，待兵如子，贏得了所有士兵的支持，終於出色地完成了任務。其實，凡是一位優秀的將軍，沒有一個不是「智、信、仁、勇、嚴」的。孫武操練吳宮女，以嚴著稱；吳起帶兵，親自為生瘡的士兵用嘴吸膿，則以仁愛聞名，都發揮了兵為我用的目的。至於將領必須有智慧和勇敢的事例，史書的記載更是多不勝數。

勢者，因利而制權也

【名言】

計利以聽，乃為之勢，以佐其外。勢者，因利而制權也。

——《計篇》

【要義】

孫子十分重視軍事行動中的態勢，並有一篇名《勢》，專門說明態勢問題。這句話的大意是：計謀有利並且得到執行，才可以去製造有利於我方的軍事態勢，用來輔助出兵國外後的行動。

軍事態勢，就是利用自己的優勢而製造權變。在後世兵家看來，高明者總是利用一切機會，製造有利於自己的軍事態勢；在自己一方諸種條件有利的情況下如此，在自己不利的情況下更是積極地製造有利的態勢，才有可能化不利為有利，變被動為主動。態勢的製造，體現了孫子一貫主張的要時刻掌握主動權。這一原則，在後來的軍事家身上，都有精彩的表現。

【故事】

在楚漢戰爭中，漢高祖三年（前二〇四年），劉邦在與項羽的較量中，遭受到了一連串的軍事失敗。韓信在這樣的形勢下，就向劉邦提出了他的作戰方略：「請大王允許我率領一支軍隊，我將北取燕、趙，然後再向東攻擊齊地，然後就可以向南方用兵去阻斷項羽楚軍的糧道。如果這幾步計劃都能實現，我就可以向西和大王您相會於滎陽（今河南滎陽）了。」劉邦遂給韓信三萬人馬，讓韓信和張耳去實現韓信的方略。

韓信與張耳領兵越過太行山，進攻趙國。井陘口一戰，韓信以三萬兵馬全殲趙國二十萬大軍，俘獲趙王歇，陳餘被殺。起初，趙國謀士李左車建議陳餘分出一支軍隊去阻斷韓信的糧道，沒有被採納。韓信在攻擊趙軍的同時又在軍中下令，不准殺害趙國的謀士李左車，並高價懸賞，有能生擒李左車者獎賞千金。結果，李左車被韓信的兵卒俘獲來了。韓信親自為他解開繩子，並請李左車上座，以師禮對待，進而向李左車詢問攻燕伐齊的策略。

李左車在推讓一番後，就分析了韓信軍隊在目前情況下的利弊長短。他說：

「將軍您自渡西河以來，俘獲魏王，擒夏說，再一舉攻下井陘，不到一天又殲滅趙國二十萬大軍，俘趙王，斬殺成安君陳餘。一連串的勝利，使將軍您名聞海內，威鎮天下，天下的農民沒有不停止耕作的，整日美衣甘食，苟且度日，深恐性命朝不保夕，因此，人們都側著耳朵聽從命令，等待您的安排。這種形勢，就是將軍您的長處。然而，將軍您的部隊經過多日征戰，人馬已經疲憊到了極點，其實很難再使用他們打仗了。現在將軍您企圖帶領疲憊到極點的兵卒，停頓在燕國堅固的城池下，如果作戰，我恐怕您的兵力不足，不能攻下燕國的城池，您的兵勢就受到影響了。一旦曠日持久，您的軍糧也就面臨用完的危險，而燕國卻不歸服，齊國也一定在自己的國境內戒備森嚴。燕國和齊國您攻不下來，那麼劉邦和項羽的爭鬥就分不出高下。如果是這樣，就是將軍您的短處。我雖然愚笨，卻認為您再出兵燕國也太過分了。所以善於用兵者不以自己的短處攻擊敵人的長處，而是以長擊短。」

韓信進一步詢問計策，李左車說：「現在為將軍定計，不如按甲休兵，先鎮撫平穩趙國，安撫孤幼，取得人心，這樣的話，百里以內的人就會帶著牛和酒來慰勞您的軍隊，再向燕國方向用兵，後派遣一個能言善辯之人，去給燕國奉送上一封信，表明您的優勢，燕國一定不敢不聽從。燕國服從您了，再派遣使者向東去說服齊國，齊國也一定聞風而服從；此時，就是再有智謀的人，也不知如何為齊國出謀劃策了。如果這樣，天下的大事就可定下來了。用兵有所謂先聲奪人，說的就是這個道理。」韓信聽從了李左車的建議，派使者到燕國，燕國立刻就歸順了。

東漢末年，獻帝建安七年（二〇二年），曹操經過官渡之戰擊敗袁紹後，奠定了統一北方的基礎。又經過幾年不斷的征戰，北方的割據勢力漸漸被消滅。到建安十二年，袁紹的兒子袁尚、袁熙等投奔匈奴，又被曹操戰敗。他們就率領殘部數千騎投奔到恃遠不服曹操的遼東太守公孫康處。

曹操的部下勸曹操出兵征伐，袁家兄弟可以擒獲，而曹操卻說：「我正在讓公孫康斬了袁尚、袁熙，把他們的頭送來，不必麻煩我們出兵了。」遂領兵返回了，不久公孫康果然斬了袁尚、袁熙等人，並送給曹操。諸將問這是怎麼一回事，曹操解釋道：「公孫康向來畏懼袁尚、袁熙等人，我如果出兵逼迫過急，他們就會聯合起來抵抗；而鬆緩一下，公孫康與袁尚、袁熙就會互相圖謀，這是必然之事。」

韓信利用連勝的威勢，只派一名使者就使燕國歸附；而曹操則利用公孫康與袁尚、袁熙之間的衝突，藉公孫康之手徹底除了袁氏的勢力。這都是兵家善於利用自己的軍事優勢，而製造權變的典型事例。

兵者，詭道也

【名言】

兵者，詭道也。

——《計篇》

【要義】

這是孫子對用兵作戰中克敵制勝奧妙的高度概括。這句話的大意是：用兵打仗，就是一種詭詐的行為。即是說，用兵就是一種隱秘謀詐，用智慧出奇制勝的較量。

兵不厭詐，向來是兵家常談。歷史也說明：凡是軍事行動，沒有不使用詭道的。孫子在此對軍事策略及其手段的抽象與概括，對於指導軍事行動具有普遍的意義。

【故事】

兩晉時期，漢昭武帝劉聰於漢麟嘉元年（三一六年）攻破西晉的都城長安，西晉滅亡。西晉雖亡，但是西晉的丞相、琅琊王司馬睿在建康（今南京）稱晉王，建立東晉。

劉聰為了掃平晉在北方的殘餘勢力，就派他的從弟劉暢帶領三萬大軍進攻滎陽（今河南滎陽北），企圖消滅駐紮於此的晉冠軍將軍、滎陽太守李矩的軍隊。劉暢率領步騎兵馬來到韓王故里，並安營紮寨。漢軍與晉軍相距僅有七里。

劉暢遠道而來，自恃人馬眾多，不可一世，就派人到李矩軍中勸降。而李矩的人馬較少，軍中人心也不穩，與敵決戰，顯然沒有取勝的機會。再說劉暢是突然而來，李矩對此也沒有做好充分的準備。

因此，劉暢的使者來到軍中，李矩就隆重地迎接，同時他急中生智，把自己的精銳人馬藏匿起來，而讓軍中的老弱士兵陳列出來，向漢使表明，他的軍隊實在是不能作戰了，所以他表示願意投降漢軍。

使者回去向劉暢如實彙報了他所看到及聽到的李矩願意投降的情況，劉暢高興極了。而李矩為了表示投降的心意，也派人隨同漢使者給劉暢送去了大量的美酒和牛肉，犒賞漢軍。

劉暢聽到使者的彙報及看到大量的美饌，他就認為晉軍一定要投降了，遂大宴眾將士，徹夜痛飲，他們的人馬都在酒精的麻醉中進入了夢鄉。

夜色蒼茫的時候，李矩召集眾將士，命令準備乘夜襲擊劉暢。眾將士一聽，人人面露懼怕的神色。因為他們知道，漢軍人馬太多，而自己的勢力太小。李矩見眾將士心怯而不敢拚命，就派將軍郭誦帶人到附近的子產（春秋時鄭國的賢臣）祠中祈禱，並讓神巫當眾宣佈：「東里子產發下了神諭，他將派遣神兵相助我們。」眾將士聽到了神的許諾，信心大增，士氣也高漲起來，人人摩拳擦掌，準備在神兵的幫助下擊破漢軍。

李矩遂命令郭誦及都督楊璋精選出英勇善戰的勇士千人，在夜色的掩護下襲擊漢軍營。而此時的漢軍都伴隨著酒精進入了夢鄉，區區千人的晉軍在三萬漢軍的大營中如有神助，沒有遇到任何抵抗，人人

奮勇砍殺。在晉軍痛快的廝殺中，劉暢也僅僅能夠逃脫了性命。這一戰下來，晉軍砍殺了幾千人，至於繳獲的物資就不計其數了。

晉、漢之間的這場滎陽之戰，李矩僅用千人就擊潰了漢三萬大軍，不能不說是戰爭史上的一個奇蹟。

在戰前，李矩人馬少，而漢軍人多勢眾；漢軍有備而來，而李矩卻沒有充分的準備。雙方的強弱之勢，就是在晉軍看來也是十分明顯的。但李矩利用劉暢及漢軍的驕橫，假裝投降，使敵人失去戒心，又送上美酒犒賞，漢軍遂在酒醉中丟掉了性命。「兵者，詭道也」，李矩在大破劉暢之軍的爭戰中，充分利用計謀，以少勝多，不僅創造了一個奇蹟，而且再一次說明了軍事爭戰中詭道的重要性。其實，在本書所列舉的戰爭故事中，幾乎沒有不運用詭道的，其間的區別只是運用不同的詭道罷了。

能而示之不能

【名言】

能而示之不能。

——《計篇》

【要義】

這是孫子在本篇中列舉的勝敵妙法「詭道十二法」之一。其大意是：能打反而假裝不能打。自己有戰鬥力，能夠與敵作戰，卻假裝自己一方膽怯或不行，從而暫時不與敵交戰，為的是造成敵方的錯覺，誤以為我方真的不堪一擊。然後再利用敵方的錯覺，步步誤導，選擇有利的作戰時機，將敵人殲滅。後世的兵家對此，有「退一步，進兩步」的說法，可以說這同樣把握住了孫子「能而示之不能」的精神。這一示弱的方法，不僅在軍事爭鬥中屢有奇妙的應用，而且也可應用在社會政治、日常生活中。

【故事】

戰國中期，周顯王二十八年（前三四一年），魏惠王派龐涓攻打韓國，韓國向齊國告急求救。齊國以田忌、田嬰為將，孫臏為軍師，領兵直奔魏國都城大梁（今河南開封），以解救韓國。

正在韓國激戰的龐涓聽到齊國派兵趁國內空虛襲擊大梁，急忙拋開韓國領兵回國。而魏惠王也傾全國的兵力，命太子申和龐涓為將，準備迎擊齊國軍隊。一場大戰即將展開。

齊國的軍隊深入魏國的國土後，就聽說了魏國已經派兵前來迎擊。軍師孫臏對田忌說：「他們三晉的士兵向來強悍、英勇，也看不起齊國人，認為齊國士兵膽怯怕事，善戰者就應利用這一勢態而誘導敵人。《孫子兵法》上說：『軍隊奔走百里而去爭利，其將軍就會被擒獲，奔走五十里去爭利，軍隊才只有一半的人能趕到。』」孫臏遂建議齊國軍隊撤退，並制定了減灶計謀。這一計謀要求：齊國軍隊在魏國第一天宿營時，命令士兵壘十萬灶做飯，第二天就壘五萬個，第三天則壘三萬個。齊軍有條不紊地撤退了。

惱怒異常的龐涓尾隨齊軍而來，渴望擊敗齊軍，以報十餘年前的桂陵之戰失敗之仇。追趕了三天，龐涓看到齊軍減灶，遂真的認為齊軍膽怯，高興地說：「我早就知道齊軍一向膽怯，他們來到我們的國土上，才只有三天，而士兵逃亡的就已經超過一半了。」於是，龐涓丟下步兵，只率領少數精兵輕裝加速追趕。

依據龐涓的行軍速度，孫臏估算龐涓率領軍隊當在夜晚時候趕到馬陵。馬陵道路狹窄，兩旁山高林密，形勢險峻，正是設伏的理想之地。於是，孫臏命士兵在一棵大樹上，砍去樹皮，寫上「龐涓死於此樹之下」幾個大字；並將齊軍中善於射箭的萬餘士兵埋伏在馬陵道的兩旁，約好到晚上只要看到火光就萬箭齊發。

天黑時，龐涓果然追到了馬陵道，朦朧中他看到道旁的大樹被砍得露出了白色的木質，上面隱隱約約寫有一行字跡，遂點起火把照看，龐涓尚未看完，埋伏在道路兩旁的齊軍萬箭齊發，魏軍頓時大亂。龐涓此時知道自已智窮兵敗，已無力回天，嘆聲道：「成就了孫臏這小子的名聲。」隨後自刎而死。

齊軍圍殲龐涓及其精兵後，乘勝迎擊太子申帶領的後續步兵，又大敗魏軍，太子申也被齊軍擒獲。

馬陵之戰，孫臏利用三晉士兵素來悍勇而輕視齊國士兵的特點，減灶示弱，造成龐涓誤以為齊軍真的逃亡過半的假象，遂促使龐涓輕兵追趕。最後，孫臏又在馬陵道佈下伏擊陣，龐涓中伏，兵敗身亡。孫子所謂的「能而示之不能」勝敵妙法，在此一戰中得到了充分的展現。

用而示之不用

【名言】

用而示之不用。

——《計篇》

【要義】

這是孫子在本篇中列舉的勝敵妙法「詭道十二法」之一。其大意是：意圖要作戰反而裝作不要作戰。

戰爭中隱藏或掩飾自己方面的真實意圖，使敵人對我方的軍事行動及目的摸不清看不透，這樣，就會使我方的軍事行動一直處於高度的保密狀態中，從而確保我方軍事行動攻擊的有效性。「用而示之不用」這一用兵方法，時常為古今的兵家所使用，創造有利於己方的勝機。

【故事】

漢高祖七年（前二〇〇年），鎮守太原郡（今山西太原）的韓王信被匈奴圍攻，韓王信遂投降了匈奴，並進而引導匈奴南下進攻太原，高祖親率大軍前去征伐韓王信。劉邦來到晉陽，聽說韓王信與匈奴勾結準備攻擊漢軍，劉邦大怒，他也準備痛擊匈奴。

漢軍遠道而來，並不明瞭匈奴的情況。為了探明匈奴的情況，漢高祖派使者到匈奴軍中打探虛實。匈奴在漢使者來的時候，把自己的壯士肥馬都藏匿起來，而使者所見到的都是老弱的士兵和瘦畜。漢使者往來有十餘人次，每一個從匈奴返回的使者都說匈奴可擊也易擊。劉邦不放心，最後又派婁敬到匈奴軍中再探消息。婁敬回來報告說：「凡是兩者交戰相爭，都會炫耀誇示自己的長處。現在我到匈奴軍中，只看到他們的一些老弱殘兵，這是匈奴人用而示之不用，向我方故意顯示他們的短處，他們一定有奇兵埋伏在附近，準備與我方爭利，決一勝負。我認為我軍不可輕易出擊匈奴。」

這時，劉邦的三十萬大軍都已經出發了，準備向匈奴展開進攻。劉邦一聽婁敬說不可擊敵，心中大怒，就對婁敬罵道：「你這個齊國的奴才！憑著三寸不爛之舌得到了現在的官位，竟敢胡說八道，阻撓我的軍事行動。」遂把婁敬羈押起來，並派人將他押到廣武

（今山西代縣西南），等候處置。然後，他就率領大軍繼續進發。

一路上，漢軍打了幾場小勝仗，幾乎沒有受到有力的抵抗。漢高祖及其軍隊遂來到平城（今山西大同），漢軍立足未穩，匈奴果然出動奇兵四十餘萬將劉邦及其三十萬大軍包圍於城東的白登山上。當時，正是隆冬嚴寒季節，北方尤其酷寒，漢軍十有二三的人被凍傷了手指。漢軍缺衣少食，再加嚴寒，幾乎喪失了任何戰鬥力。在白登山，漢軍被包圍了七天七夜，形勢十分危急。最後，用陳平的美女計，才使匈奴的包圍圈放開一角，劉幫率領士兵倉皇地逃出了重圍。

劉邦來到廣武，赦免婁敬，並後悔地說：「我不用您的建議，才被圍困在平城。我已經斬殺了起先十餘個說匈奴可擊的使者了。」於是，劉邦封婁敬為關內侯，號建信侯，食邑兩千戶。

漢與匈奴的這次戰鬥，不僅是劉邦希望擊敗匈奴，匈奴也是躍躍欲試，準備痛擊漢軍。在決戰之前的較量中，匈奴用而示之不用，利用漢使者，給劉邦造成匈奴不可一擊的假象。劉邦雖然多次派人去偵察匈奴的情況，而且最後一次帶回來的訊息也是正確的，但劉邦卻求勝心切，再加上軍隊已經出發，沒有採納婁敬的正確意見，最終被匈奴包圍，困於白登山七個日夜，幾乎全軍覆沒。劉邦顯然忽視了匈奴人的用兵智慧，而匈奴人則成功地以假象迷惑了劉邦。這一場戰鬥，再一次說明《孫子兵法》對於指導戰爭的普遍意義。

近而示之遠

【名言】

近而示之遠。

——《計篇》

【要義】

這是孫子在本篇中列舉的勝敵妙法「詭道十二法」之一。其大意是：要向近處用兵反而裝作要向遠處用兵。這是一種佯動戰法，目的是分散敵人的兵力及注意力，從而達到奇襲勝敵的效果。

戰爭的進行使正面戰場成為戰爭雙方鬥智鬥勇的理想場合，這也是雙方兵力最為集中的地方，如何在這種騎虎難下的局面中求得一線勝機，就成了雙方將領們思量的頭等大事。

「近而示之遠」這一戰法，時常為兵家在戰爭中應用。

【故事】

東漢末年，天下大亂，經過數年的戰亂，當時北方形成了最大的兩個勢力集團，即曹操集團與袁紹集團。為了達到完全控制北方的目的，一場決定北方誰是最強者的戰爭官渡之戰，在漢獻帝建安四年（一九九年）拉開了序幕。

此時，曹操勢力相對弱小，有兵力三、四萬人，但是曹操卻積極應對，部署防守，派于禁屯守延津（古津渡，古代黃河流經今河南延津西北至滑縣以北的一段，是當時的重要渡口），和東郡太守劉延屯於白馬（今河南滑縣東北），共同防止袁紹的正面進攻，在官渡（今河南中牟東北）部署防線，作為阻擋袁紹的主要陣地。為了積極防禦，曹操親率軍隊於八月推進到黃河以北的黎陽（今河南浚縣東南）一帶。

第二年的二月，袁紹也把十萬大軍集結在河北前線的黎陽，準備渡河南下，直搗許都（今河南許昌東），攻破曹操的大本營。同時，袁紹派郭圖、淳于瓊、顏良渡過黃河進攻東郡太守劉延於白馬。由於顏良是袁紹軍中的勇將，能征善戰，白馬的形勢危急萬分。白馬一旦失守，對於阻止袁紹南下將有很大的不利。四月，曹操親自率領大軍從官渡北上，解救白馬。

在解救白馬的行軍途中，隨軍謀士荀（攸音ㄧㄡ）建議道：「現在我方兵力太少，不敵袁紹的軍隊，只有將袁軍分散開來才可以有機會。您先引兵到延津，做出要渡過黃河北上襲擊袁紹後方的態勢，袁紹一定向西派兵來應戰，然後等待袁紹軍隊應戰的時機，再以精銳輕裝部隊迅速襲擊白馬，乘白馬方面的袁軍沒有防備的時機，顏良就可以被擒獲了。」曹操採納了這一建議，遂領兵趕往延津。

袁紹不知這是曹操的計謀，果然分出一部分軍隊來到延津，準備與曹操作戰。曹操看到袁紹中計，立刻率領騎兵迅速駛向白馬。曹軍來到距白馬不到十里的時候，攻打白馬的顏良才發現敵人的援軍突然出現在背後。顏良匆忙應戰，在兩軍混戰中，關羽斬殺了顏良，袁軍頓時潰敗，曹操成功地解了白馬之圍。

此戰，曹操為了解救近處駐守白馬的軍隊，做出了向遠處襲擊袁紹後方的樣子，巧妙地掩飾了自己的用兵意圖，使圍攻白馬的袁軍毫無防備，從而使顏良在遭受突襲中兵敗身亡。

遠而示之近

【名言】

遠而示之近。

——《計篇》

【要義】

這是孫子在本篇中列舉的勝敵妙法「詭道十二法」之一。其大意是：要向遠處用兵反而裝作要向近處用兵。

戰爭的進行雖然是從某一個點上爆發，但戰爭的態勢卻往往是從一條線或幾條線上展開，如何選擇有利於我方進攻的地點，就成了兵家們苦思冥想的大問題。「遠而示之近」作為一種佯動戰法，目的是分散敵人的兵力，避開面前難以進攻的敵人，尋找敵人陣線中的最薄弱點，從而達到奇襲殲敵的效果。

【故事】

西漢初年，劉邦與項羽為了爭奪天下，展開了一場持續四年之久的楚漢戰爭。漢高祖二年（前二〇五年），劉邦在平定關中以後，就率領人馬出關進入中原，一路所過，漢軍聲勢頗大，勝利接連不斷，收服了魏王、河南，韓王、殷王也相繼投降。

同時，齊國和趙國也答應與漢聯合起來共同進攻楚霸王項羽。

此年四月，劉邦帶領五、六十萬大軍打到彭城（今江蘇徐州），彭城是項羽的都城。在彭城，劉邦軍隊遭受到項羽的有力反擊，劉邦大敗，軍隊幾乎逃亡殆盡。劉邦兵敗彭城，不僅使現有的軍隊實力受到極大打擊，而且起初那些鬆散的聯合勢力也發生了動搖。塞王欣、翟王翳從漢營中逃亡而投降了楚，齊與趙也反叛漢而與楚聯合起來。到六月，魏王豹以母親有病為藉口，請求回家探視，他一回到自己的封國，立即切斷黃河西岸臨晉關（今陝西大荔東的黃河西岸）的交通，反叛了劉邦，並且與楚項王訂立了和約。

劉邦聽到魏王豹也發生了反叛，遂馬上派酈食其到魏國遊說魏王豹，希望他能夠重歸附漢王，但是，魏王豹卻執意不聽。

到八月，漢王劉邦任命韓信為左丞相並率領軍隊進擊魏王豹，魏王豹聽說漢王發兵來攻，也派出重兵駐紮在蒲坡（今山西永濟蒲州），意圖封鎖臨晉關，阻擋韓信向東前進的路線。韓信來到魏境以後，針對魏王豹已經佈兵，設置了障礙，就採用增設疑兵的辦法，擺開船隻，做出要從臨晉渡河的進攻態勢，促使黃河東岸的魏兵加強戒備。

而韓信率主力部隊隱蔽前進，並從夏陽（今陝西韓城西南的黃河西岸）一帶，乘木罌紮成的木排順利渡過黃河。然後，韓信軍徑直奔襲魏都安邑（今山西夏縣西）。魏王的主力部隊都集結在黃河前線，國內兵力空虛。漢軍如入無人之境，迅速地靠近了安邑。魏王豹看到漢軍突然從天而降，驚慌失措，急忙領兵迎戰韓信，而韓信的軍隊只發起一次衝鋒，就擊潰了魏軍，魏王豹也成了韓信的俘虜。韓信一戰平定了魏地，漢在此設置了河東郡。

此戰，魏已經派重兵到黃河岸邊佈防，國內兵力空虛，而韓信鑑於魏在前線佈有重兵，如果強攻必有一場惡戰，己方不僅有可能付出慘重代價，而且也可能貽誤戰機。韓信遂佈下疑兵，做出堅決渡河的模樣，而自己的主力卻秘密地從其他地方順利地渡過黃河，直接襲擊魏都安邑，魏王豹猝不及防，遂致大敗。孫子「遠而示之近」的詭道奇謀在此一戰中，證明是一種極為有效的戰法。

利而誘之

【名言】

利而誘之。

——《計篇》

【要義】

這是孫子在本篇中列舉的勝敵妙法「詭道十二法」之一。其大意是：如果敵方貪利就以小利去誘惑他。孫子在《軍爭篇》中又告誡：「餌兵勿食。」意思是說：敵人設餌引誘，切不可貪利上鉤。

利的誘惑可能是人類的最大缺點之一，見利忘義固是常態，就算是面臨死亡，對利的追求也絕不放鬆，此即常說的人為財亡。孫子正是看到了人類的這一缺點，所以提出在戰鬥中充分利用敵人的貪利欲望，盡量以物利誘惑敵人，讓他們在物利的享受中走向毀滅或敗亡。

在歷代的軍事爭戰中總有許多人為利而送命，為貪利導致軍事失敗的可說是層出不窮。

【故事】

東漢帝建安五年（二〇〇年），曹操與袁紹在官渡（今河南中牟東北）一帶展開了一場大戰，史稱官渡之戰。在雙方進行決戰之前，一連串的局部戰鬥已開始了，而且這些局部的小戰鬥慢慢地影響了整個戰爭的勝負天秤。

袁紹首先派顏良等人攻打白馬（今河南滑縣東），曹操親自去解救白馬的圍困，並成功地擊潰袁軍，顏良也在混戰中被殺。由於袁紹兵馬眾多，勢力雄厚，雖然初戰失利，卻不能遏止其進攻的兇猛勢頭。因此，曹操解救白馬後，遂率領軍隊及白馬的軍民向官渡方向撤退。袁紹聽說曹操後退，也親自率領大軍從黎陽（今河南浚縣東）渡過黃河，對曹操展開追擊。

這一次，袁紹派軍中大將文醜擔任前鋒，不久前剛被曹操擊敗的劉備暫時棲身於袁紹軍中，也擔任了追擊曹操的任務。

曹操一路上慢慢地退卻，引誘著袁軍的先遣頭部隊步步南下，當袁軍趕到延津（今河南汲縣東）以南的時候，曹操遂命令自己的軍隊在延津南面的山坡上紮好營寨，曹軍人馬暫時休養生息。

負責觀察袁軍情況的哨兵不一會向曹操報告：「袁紹的追兵約有五、六百騎已經追上來了。」過了一會兒，哨兵又報告：「袁軍的騎兵比剛才增加了一些，步兵多得數不清。」曹操遂命令哨兵不必再報告敵軍情況，又命令自己所有的騎兵都解鞍下馬。當時，他們從白馬撤退時攜帶的各種物資，都還停留在道上，曹操又命令將所有輜重雜亂地拋在路上。曹操的部將都認為敵軍人數太多，而自己的騎兵卻不足六百人，恐怕難以抵擋，就主張退回到營壘中防守。這時，只有隨軍的謀士荀攸領會了曹操的用意，遂對眾將說：「丞相這樣做正是為了引誘敵軍上鉤，我們怎麼能後退呢？」眾將馬上明白了。

不一會，文醜和劉備率領五、六千騎兵先後來到了曹操的軍營前，曹軍眾將士面對強大的敵人，人人還是感到了空前的緊張和不安，催促曹操下令，上馬迎戰。這時的曹操卻十分沉著，查看了一下敵情，遂說：「時機未到。」

片刻之後，趕上來的袁軍愈來愈多，他們看到曹軍的軍用物資拋灑得遍地皆是，就爭先恐後地哄搶，頓時袁軍亂成一團。曹操看到時機成熟，下令道：「可以出擊了。」曹軍全部上馬，一齊向袁軍衝殺過去。袁軍已經不戰自亂，雖然人數上佔有絕對優勢，卻難以組織起有效的陣形，隨即一敗塗地，文醜也在混亂中被殺。曹軍俘虜了許多袁軍，然後又向官渡撤退。

經過白馬、延津兩次戰鬥，袁紹軍隊連受兩次失敗，並且接連損失兩員大將，可謂損失慘重，士氣也受到了極大的挫折。戰爭優勢的砝碼就向曹操方面滑動了。而曹操的接連勝利，則悄悄地改變了原來的被動態勢，從而奠定了官渡之戰勝利的基礎。

延津之戰，曹操方面人馬少，騎兵不足六百，而袁軍人數眾多，僅文醜帶領的騎兵就有五、六千，再加上趕來的後續部隊，兵力更盛，有曹軍十幾倍乃至幾十倍。在這種情況下，曹軍就是人人以一當十，恐怕也難以取勝。

因此，善於用兵的曹操巧設計謀，先令士兵解鞍下馬，麻痹敵人，又遺留各種物資於道路上，意圖引誘袁軍來搶奪，促成袁軍自亂。袁軍混亂不堪時，曹軍突然發起攻擊，出其不意地一舉擊敗袁軍，打了一場漂亮的勝仗。孫子提出的勝敵妙法「利而誘之」的神奇功效，在此一戰鬥中得到了充分的證明。

亂而取之

【名言】

亂而取之。

——《計篇》

【要義】

這是孫子在本篇中列舉的勝敵妙法「詭道十二法」之一。其大意是：敵方混亂不堪時，我方就乘機攻取它。

孫子深知堡壘最容易從內部攻破的道理，因此，他對自己的一方甚至是對軍事理論的建構，都十分注重軍事紀律和軍事領導者之間的合作有序。戰爭的經驗顯示，敵人內部混亂之際，正是用兵勝敵的最好時機。「亂而取之」作為一種極為有效的戰法，經常為古今軍事家所採用。

【故事】

東晉孝武帝太元八年（三八三年），東晉與前秦在淝水（淮河支流，在安徽境內）進行了歷史上著名的淝水之戰。前秦苻堅發動了近百萬的兵馬前去準備殲滅東晉，出人意料的卻被東晉不足十萬的軍隊擊潰，成為一場以少勝多的典型戰例。

西晉滅亡後，廣大北方地區淪為各少數民族統治之下，其中由氐人（氐人是我國古代居住在今西北一帶的一個少數民族）建立的前秦在苻堅及王猛的統治下，漸漸消滅了其他的統治勢力，控制了北方地區，成為十六國時代北方最強大的一個王朝。同時，前秦還向東晉發起一次次進攻，先後攻取了東晉控制下的漢中、成都、梁州、益州、襄陽、彭城、淮陰等地，苻堅勢力的擴張也自然帶來了一統天下野心的膨脹。

苻堅消滅東晉的決心隨著前線的不斷勝利，愈來愈大。他暗地裡積極準備，在太元七年（三八二年）的四月任命苻融為征南大將軍。八月，派人在長江上游訓練水軍。十月，召集群臣商議進攻東晉事宜。然而，苻堅進攻東晉的意圖卻受到了眾人的反對，七年前死去的王猛臨終遺言也告誡苻堅切不可發動對東晉的戰爭。但是，心意已決的苻堅，是聽不進任何反對意見的，並說：「我有九十七萬大軍，只要把馬鞭投到水裡，就可以使長江的江流堵斷，東晉依靠的長江天險沒有什麼大不了的。」這就是「投鞭斷流」成語故事的由來。

苻堅遂於晉太元八年徵集步兵六十多萬、騎兵二十七萬、禁衛親兵三萬，聲勢浩大地從長安出發了。九月，苻堅來到項城（今河南項城），苻融和鮮卑人慕容垂帶領前秦的二十五萬騎兵為先遣部隊，也到達潁口（今安徽潁上正陽），向淝水西岸的重鎮壽陽（今安徽壽縣）發起猛攻。

東晉以謝安為征討大都督，指揮全軍應對來犯之敵。謝安認為苻堅的主攻方向是淮水一線，遂任命其弟謝石代理征討大都督，具體指揮全軍，同時派前鋒都督謝玄等領精兵八萬迎擊苻堅，又派將軍胡彬領水軍五千去增援壽陽。

胡彬及其水軍還沒有到達壽陽，壽陽就被苻融攻下了，胡彬只得把軍隊集結在險要之地硤石（今安徽鳳台西南），等待謝石大軍的到來。苻融軍隊渡過淝水，圍攻硤石，又派軍隊控制了洛澗（今安徽定遠南），封鎖了淮水，將謝石的大軍阻擋在距離洛澗二十五里的地方，不能前進。

被圍困在硤石的胡彬所率領的水軍糧食即將吃完，胡彬派人向謝石告急，卻被敵人俘獲。苻融得知硤石缺糧的情況後，馬上派人告訴了苻堅。苻堅帶領八千騎兵從項城來到壽陽，認為只要生擒謝石，就十分容易消滅東晉。

苻堅派投降的東晉襄陽守將朱序前去說服謝石投降，朱序卻身在曹營心在漢，乘機對謝石透露了前秦的情況，他說：「秦軍雖然人多，卻大都在行軍路上，苻堅的主力也留在項城，只帶了八千人來到壽陽，因此，秦前線的兵力不怎麼雄厚。再說，秦軍內部極不穩定。您只要派一支精兵打敗他的前鋒，挫挫苻堅的銳氣，秦兵就全線崩潰了。」朱序隨後回到了壽陽。

謝石、謝玄等人聽了朱序的情報，遂派劉牢之帶領五千北府兵夜襲洛澗的五萬秦軍，一舉擊潰洛澗的秦軍，收復洛澗。謝石等人也乘機率領軍隊衝到淝水的東岸，與對岸壽陽的苻堅對峙起來。

苻堅得知這一連串情況，就沉不住氣了，遂與苻融等將軍登上城樓觀看晉軍情況，他看到對岸的晉軍，隊伍整齊，旗號鮮明，刀槍在陽光的照耀下閃閃發光，心中暗暗吃驚。他又回頭觀望壽陽北面的八公山，山上的草木被風吹得搖動不止，似乎覺得八公山上也全是晉兵。草木皆兵的苻堅輕視晉軍的念頭打消了許多，遂下令嚴防淝水，沒有命令，不得渡水出擊。於是，雙方軍隊遂在淝水兩岸嚴陣以待。

初戰勝利的晉軍，意識到秦軍依然很強大，只有乘勝速戰速決才有可能消除目前的危險，如果等待苻堅的後續部隊都到齊，恐怕就沒有多少取勝的機會了。

謝石、謝玄遂派人天天到河邊叫陣，而秦軍卻不應戰。謝玄隨後派人渡河到壽陽見苻融下戰書說：「將軍領兵來到這裡，依靠淝水列陣，這是作持久戰的打算，哪是想速戰？你們如果想與我們決一勝負，就不如把陣地向後移動一下，讓出一片戰場來，讓我們渡過河來，雙方痛快地打一場，這樣不是很好嗎？」

苻融遂將這一情況報告苻堅。苻堅心想，如果不接受挑戰，也太滅自己的威風了，何況己方人多勢眾，也沒有什麼好怕的。因此，苻堅就希望將計就計，對晉軍半渡而擊，乘機擊敗並消滅晉軍，而秦軍的眾將領卻不太同意後退，主張嚴守淝水陣線，但苻堅主張必須執行。

到了決戰的那一天，雙方列好陣勢，苻堅下令部隊後退一點，被強迫來當兵的漢人及其他各族軍隊，本來就不願為苻堅賣命，一聽後退，便乘機逃亡，頓時秦軍大亂。晉軍看到秦軍陣形已亂，遂迅速渡過淝水，向秦軍陣營奮勇衝殺過去。苻堅見自己的軍隊混亂，命令部隊停止後退，卻怎麼也無法讓部隊停止下來。

朱序看到晉軍發起了進攻，就在秦軍背後大呼：「秦軍敗了。」在晉軍的喊殺聲中和「秦軍敗了」的喊聲中，秦軍更加亂成一團，整個軍隊遂山崩水瀉一般不可阻止。苻融希望衝上去壓住陣腳，卻被奔逃的人馬撞倒在地，被趕上來的晉軍殺死。苻堅在逃命中也身中流箭，當他逃到淮北的時候，身邊僅剩親隨幾個人了。其他的軍隊聽說苻堅在前線失敗了，也都一哄而散，就好似骨牌一樣，整個秦軍一敗不可收拾。等到苻堅回到洛陽時，近百萬的大軍只剩十幾萬人了。

淝水之戰，前秦內部本來就不協調，被苻堅強行徵來的漢軍及各族軍隊，多數不願意為他效力，就算在高級將領間，大多數人也不同意征討東晉。秦軍內部政令不統一，同時秦軍構成份子混雜，各方也心懷他圖，而在秦營中效力的朱序，則臨陣起義，更加劇了秦軍的混亂。諸種因素加在一起，遂使秦軍一後退就退而不可止，再加上晉軍的進攻，秦軍終於大亂而大敗。而晉軍利用秦軍後退混亂之際，「亂而取之」，展開兇猛攻勢，打敗前來進犯之敵，取得了輝煌戰果，成為戰爭史上一個著名的戰例。

實而備之

【名言】

實而備之。

——《計篇》

【要義】

這是孫子在本篇中列舉的勝敵妙法「詭道十二法」之一。大意是：敵方軍備充實、勢力強大，就多加防備他。在敵強我弱的情況下，暫時的退卻未必不是一個好選擇。對強敵虛與委蛇，麻痹它，軟化它，使它的優勢轉化為劣勢，而自己暗中加強軍事力量及防備，使自己由劣勢地位轉化為優勢地位，然後再尋找戰機，消滅強敵。這一方法時常在戰爭中被軍事將領們所採用，導演出一幕幕以少勝多、以弱勝強的精彩戰例。

【故事】

秦二世元年（前二〇九年），匈奴太子冒頓殺死單于頭曼及其後母、弟弟，和一些不聽從自己的大臣，自立為單于（漢時匈奴人對其君主的稱呼）。

冒頓經過一場流血政變，初立為單于，但局勢並不穩定，還存在某些隱患。當時，東胡（匈奴人的一支）的勢力十分強盛，東胡人聽說冒頓殺父自立，乘機派使者來到匈奴，對冒頓提出無理要求，索取頭曼的千里馬。冒頓就此事詢問群臣，群臣說：「千里馬是我們匈奴的寶馬，不能送給人。」冒頓卻說：「怎麼與他人國家相鄰而愛惜一匹馬呢？」冒頓遂將千里馬奉送給了東胡。

東胡首領沒費多大力氣就得到千里寶馬，心中極為高興。東胡遂認為冒頓畏懼自己，過了不久，又派使者對冒頓再次無理索求冒頓的心愛美女。單于冒頓又就此事詢問群臣，群臣都十分憤怒，說道：「東胡太霸道無理了，竟然索求大王的美女。請大王下令發兵攻擊他。」冒頓又說：「怎麼與他人國家相鄰而愛惜一個女子呢？」冒頓又馬上將自己的一個心愛美女送給東胡。

東胡首領得到匈奴單于冒頓的美女，更加驕橫，開始向西擴張領土。本來在東胡與匈奴之間，有無人居住的荒地千餘里，雙方也都沒有將此地視為己有，只是各在活動的邊界處設立了一些屯守據點。東胡第三次派使者對冒頓說：「你們匈奴與我們邊界之間的荒地，你們勢力小不能佔有它，我要佔有它。」冒頓就此事還是詢問群臣，大臣中意見不一，有人主張不能再退讓了，有人則懼怕東胡勢大主張盡可送給東胡，還有人說：東胡索要的是荒地，給也可以，不給也可以。這時，冒頓卻大怒了：「土地是國家立足的根本，怎麼能隨便送人！」遂把主張荒地給東胡的大臣全部抓起來殺掉。

冒頓遂整裝上馬，準備襲擊東胡，並在國內下令：凡是行動落後者，斬！於是，匈奴人迅速集合起來，在冒頓的帶領下向東襲擊東胡。東胡首領素來依仗自己強大而輕視匈奴，對匈奴也沒有任何防備。等到冒頓率領大軍攻打過來，東胡才倉促應戰。經過一場激烈的戰鬥，匈奴大破東胡，並消滅了東胡首領，俘虜了許多東胡人民及其牲畜，東胡遂亡。

匈奴單于冒頓殺父自立，內部並不平穩。而勢力強盛的東胡乘機索取貢品，冒頓只有滿足東胡的欲望。東胡的欲望得到滿足後，更加輕視匈奴，對匈奴沒有任何防備，它所具有的優勢就喪失殆盡。反之，冒頓卻在積極加強自己的軍備，同時，利用東胡的一次次無理要求激起了臣民們對東胡的仇視，抓住東胡再次無理要求土地的時機，突然發兵襲擊東胡，一戰滅亡了東胡。匈奴與東胡之戰，正是體現了孫子敵強則備的精神，而東胡雖強卻忘備，終至滅亡。

強而避之。

【名言】

強而避之。

——《計篇》

【要義】

這是孫子在本篇中列舉的勝敵妙法「詭道十二法」之一。其大意是：敵方如果勢力強大，我就暫時躲避他。這是說在敵強我弱的情況下，應避開敵人的銳氣，不要與敵人硬拚，等到敵人銳氣衰竭而退縮時，再尋找時機打擊它。

暫時避開強敵，不是希望避開戰爭，也不是膽小怕事的表現。這作為一種有效的戰法，時常為軍事家們在戰爭中使用。事實也說明，只要對強敵避其進攻的銳氣，才有可能找到勝敵的時機。

【故事】

東漢靈帝中平五年（一八八年），涼州（今甘肅張家川）人王國發動叛亂，聚集了大批叛亂者圍攻陳倉（今陝西寶雞東）。朝廷派左將軍皇甫嵩和督前將軍董卓各領兵兩萬前去救援陳倉並平息叛亂。

接到任命後，董卓就希望馬上率領軍隊趕赴陳倉，而皇甫嵩卻不同意。兩人遂各自闡述了自己的看法。董卓認為：「有智慧的人不會讓時機錯過，勇敢的人不會猶豫停留。我們迅速去救援，陳倉就能保全；不快速救援，就有被攻破的危險。陳倉城被攻破還是能保全，就在於我們行動的快慢了。」

皇甫嵩則說：「不是這樣的。百戰百勝，不如不經戰爭而使敵人屈服的好。所以，善於用兵打仗的人，總是先創造條件以使自己不被敵人戰勝，而後等待敵人可以被我戰勝的時機。陳倉雖然城小，但是城防堅固也有準備，是不容易被攻克的。王國兵勢雖然強盛，如果因攻城不下，他的部隊必然疲憊鬆懈，到時我們再出擊，那我們就有全勝的時機了。我們不必興師動眾，等待全勝的時機，不是更好嗎？」皇甫嵩遂命令部隊不出擊。

王國率領叛軍圍攻陳倉，從此年的冬天一直攻到第二年的春天，接連攻擊了八十多天，但由於陳倉城防堅固，竟然始終沒有攻下它。王國的軍隊果然疲憊不堪，終於自動放棄對陳倉的圍攻開始逃跑。

看到這一時機，皇甫嵩下令軍隊出擊。董卓又說：「不可追擊。兵書中說：對陷入絕境的窮寇不要追擊，對保存實力撤退的歸眾不要過分逼迫。現在我們追擊王國，就是逼迫歸眾，追擊窮寇。困獸猶鬥，蜂蠍有毒，還能傷人呢，何況這是一支強大的部隊！」

皇甫嵩卻反駁說：「你說得不對。起初我不主張出擊王國解救陳倉，是為了避開敵人進攻銳氣。現在我要追擊它，是等到了敵人氣力衰退的時機。我們追擊的是疲憊之師，而不是歸家之眾。王國的部眾是在逃命，沒有人還有戰鬥的決心。我以整齊有序的軍隊進擊潰亂之敵，並不是進擊陷入絕境而拚命掙扎的窮寇。」

遂帶領所部獨自追擊王國的軍隊，讓董卓擔任後續任務。皇甫嵩追擊過程中，連連得

勝，大敗敵軍，殺死敵人一萬多人，王國在奔逃中也丟了性命。一場叛亂遂徹底平息了。

皇甫嵩平王國之戰，由於王國起初兵強，依仗強大的兵勢圍攻陳倉，皇甫嵩並沒有立即加入戰鬥，而是採取「強而避之」的方法，等到王國軍隊攻城不下，軍隊疲憊後退的時機，才發兵出擊，結果一戰消滅了王國，平息了叛亂，收到了甚好的戰鬥效果。

其實，孫子所謂的「強而避之」的方法，經常在戰爭中被軍事家們使用，如春秋時著名的城濮之戰中晉國軍隊退避三舍、西漢景帝時周亞夫平定七國之亂等，類似的戰爭事例其實是很多的。

怒而撓之

【名言】

怒而撓之。

——《計篇》

【要義】

這是孫子在本篇中列舉的勝敵妙法「詭道十二法」之一。其大意是：敵方如果容易惱怒，就應不停地騷擾他。孫子在此利用人類惱怒而失去理性的特點，針對戰爭中敵方將領容易惱怒的性格弱點而提出的一種有效戰法。因此，孫子又在《火攻》篇中告誡：「主不可以怒而興師。」說的都是同一回事。在實際戰爭中，希望決戰的一方，總是企圖激怒敵軍，或者派兵挑戰，或者用言語激怒敵人，或者使用其他侮辱敵人的言行，迫使固守對峙的敵軍出營與我作戰，然後在戰鬥中尋找勝機，擊敗敵人。

【故事】

在楚漢戰爭中，劉邦與項羽多次直接交鋒，劉邦幾乎是每戰必敗，也多次從亂軍中死裡逃生。但是，劉邦由於得到多方面的支持，尤其是各地軍事力量的支持，使他在一次次的潰敗後，能繼續聚集起軍隊與項羽對抗。

漢五年（前二〇四年），劉邦與項羽幾次易手後，遂在成皋（今河南滎陽西北）形成了拉鋸戰，雙方相持不下。

那時，軍事失敗後的劉邦又得到韓信軍隊的補充，一時兵力充足，遂派劉賈等帶領兩萬步兵及數百騎兵去協助剛被項羽擊敗的彭越。得到生力軍補充的彭越，在項羽的後方梁地展開了強大的攻勢，接連攻下睢陽（今河南商丘南）、外黃（今河南民權西北）等十七座城池，漢軍的往來攻擊對楚軍造成很大的麻煩，並且阻斷了楚軍的運糧路線，這使項羽感到了空前的壓力。九月，項羽決定再次東擊彭越，消除背後的威脅。

項羽在出發前將留守成皋的任務交給了大司馬曹咎，項羽告訴曹咎：「你一定要小心守住成皋。如果劉邦前來挑戰，千萬不可與他作戰，你只要守在這裡，不讓漢軍東進就可以了。我出兵後，在十五天內一定能平定在梁地搗亂的彭越，等我回來之後，我再與將軍一起出擊劉邦。」項羽遂領兵前往收復被彭越攻佔的城池。

項羽離開成皋後，劉邦果然率領軍隊圍攻成皋的楚軍。最初幾天，曹咎還能遵守項羽的軍令，無論漢軍如何挑戰，他總是固守在城內，絕不與漢軍交鋒。劉邦見曹咎並不應戰，遂改變了挑戰方式，他知道曹咎性情易怒，有勇無謀，就派士兵到成皋城下辱罵曹咎，希望激怒他，逼迫他出來與漢軍作戰。此時，曹咎依然記得項羽的囑託，還是不理睬漢軍的挑戰。但是，在漢軍辱罵了五、六天後，曹咎終於忍不住了，大丈夫可殺而不可辱，曹咎心中怒火萬丈，憤怒之下，項羽令他固守城池的命令遂忘記了。曹咎終於領兵出城了。

漢軍見楚軍中計，故意後退到成皋附近汜水（汜水，源出河南省方山，在滎陽縣流入黃河）的對岸，惱怒的楚軍看到敵人後退，也奮力追擊，直追到汜水邊，一些行動迅速的楚軍已經渡過了汜水。漢軍遂乘楚軍渡水時，發起了攻擊。汜水一戰，楚軍大敗，曹咎此時才意識到一切都完了，就在汜水上自殺了。漢軍重新收復了成皋。從此後，劉邦在與項羽的較量中漸漸由被動轉為主動。

成皋之戰，劉邦利用楚軍守將曹咎容易被激怒的特點，終於使曹咎在辱罵聲中憤怒起來，而忘記了項羽對他的約束。憤怒中的曹咎出城與劉邦決戰，正中了劉邦的下懷。結果曹咎兵敗身亡。這是一齣典型的「怒而撓之」的戰例。

卑而驕之

【名言】

卑而驕之。

——《計篇》

【要義】

這是孫子在本篇中列舉的勝敵妙法「詭道十二法」之一。其大意是：敵方如果卑怯、懼怕我方，我方就應使他驕傲自大起來。敵人懼怕我，必然對我方防備嚴密，則對於我方的襲擊不利。在這種情況下，應利用敵人的弱點，設法使敵人自我感覺良好，並逐漸放鬆對我方的警惕，然後尋找戰機，殲滅敵人。利用人的弱點製造勝機，可以說是孫子兵法的特點之一。這也是常被後世的軍事家們實踐並證明了的有效戰法之一。

【故事】

東漢末年，在三國鼎立局面形成的初期，魏、蜀、吳三方對戰略要地荊州（轄境約今湖南、湖北兩省及河南、貴州、廣東、廣西的各一部）展開了激烈的爭奪。荊州原由劉表佔領，赤壁之戰前為曹操佔據。赤壁之戰後，又由劉備佔有了十年。其間，孫權一直希望奪取荊州，卻因劉備的名將關羽駐守此地，孫權的企圖也一直不能得逞。

吳國的魯肅去世後，由呂蒙接任對荊州前線的軍事任務。呂蒙頗知兵法，聲名遠揚，就連關羽也怕他三分。因此，關羽遂沿江修築烽火台警備呂蒙，整肅佈防，嚴密關注東吳的舉動，使呂蒙一時無計可施。

建安二十四年（二一九年），關羽派南郡太守麋芳守江陵，將軍傅士仁守公安（今湖北江陵南之

公安），防備東吳偷襲；自己則親率大軍北上，準備奪取曹操軍隊控制的樊城（今湖北襄樊之樊城）和襄陽（亦屬襄樊）。曹軍將領為曹仁、于禁、龐德。時值八月，天降暴雨，于禁部和龐德部都被大水所淹沒，關羽乘機俘虜了于禁，斬殺了龐德，進而包圍了曹仁固守的樊城。

呂蒙想藉關羽出兵、荊州空虛之機，奪取荊州，但看到關羽對此有所防備，自知難以發兵攻取。苦思之後，他終於想出了一個計謀。呂蒙遂上書孫權說：「關羽討伐樊城的同時留下許多防備的兵力，一定是害怕我圖謀他的背後。我呂蒙常常有病，請求允許我以養病為由回建業（今南

京，時為東吳的國都）休養，並帶回部分軍隊。關羽聽說我回建業養病，必然放鬆對我東吳的警惕，從而再抽調一部分後備兵力援助攻樊城的軍隊。這樣，我們的大軍順江而上，乘其空虛發起突襲，那麼，南郡（今湖北粉青河及襄樊以南，荊門、洪湖以西，長江和靖江流域以北，西至四川巫山的廣大地區）就可以攻下了，關羽也必定會被我軍擒拿。」呂蒙遂宣稱得了重病，孫權於是召回了呂蒙。

呂蒙返回行至蕪湖時，年僅三十六歲的定威校尉陸遜前去拜望，並問道：「關羽的軍隊與我接境，您為何離開了前線，後果不是應當十分可憂嗎？」

呂蒙不願洩露他的計劃，遂說：「你說得不錯，不過我的確病得很重。」

陸遜又說：「關羽自恃他的勇猛有驕橫之氣，欺凌他人。目前，他出師後接連立下大功，就更加意氣驕橫、心志安逸，他一心北進，對我方還沒有多大的猜疑，等他聽到您病了，對我方就更不加防備。如果乘機出其不意，自然能擒獲他。您去面見主公時，應當好好地商定一下攻擊計劃。」

呂蒙來到建業，就向孫權推薦陸遜代替自己做前線軍事指揮，並說：「陸遜深謀遠慮，具有擔當重任的才能，從他對全局的分析看，他最終可委以大任。而現在他還沒有什麼名氣，也不為關羽所畏忌，代替我的人沒有比他更合適的了。如果您任用他，應當讓他對外隱藏自己的才能，而在暗中觀察形勢變化的方便時機，如此便可戰勝關羽。」孫權於是任命陸遜為偏將軍，代替呂蒙駐守陸口（今湖北嘉魚西南，陸水入長江處）。

陸遜到達陸口後，立即寫信給關羽，恭維道：「前不久您乘敵人之疏漏而出師，按照律法用兵，因此您一個小小的舉動就獲得巨大的勝利，這是多麼偉大的功績。敵人的失敗，利於我們兩國同盟互助，聞聽您的勝利消息，我們也擊節慶祝，也想隨您一同出兵，實現共輔漢室的大業。我陸遜不才，剛受命西來駐防，十分仰慕您的功績，十分渴望得到您的垂教。」他在信中又說：古人雖有晉楚城濮之戰、韓信拔趙井陘之戰，也比不上關羽擒于禁之戰。類似的吹捧話還有許多，並說自己只是一介書生，對軍事不懂等等。關羽看完陸遜的信後，見信中有謙下敬仰並請求依託之意，於是大為放心，對吳國及陸遜就不再有任何懷疑了，從荊州各地抽調兵力支援前線。陸遜隨後發

兵襲擊荊州，一舉奪取了荊州各個城池。關羽大意失荊州，後又敗走麥城，最終被吳軍俘虜並遭殺害。

劉備和孫權對荊州地區的爭奪，自赤壁之戰後就幾乎沒有停止，因此，關羽對於孫吳的目的也一直懷有戒心，他對曹軍作戰勝利後，卻放鬆了對孫吳的警惕。關羽的老對手呂蒙假裝有病，孫權任命名不見經傳的陸遜代替呂蒙，而陸遜對關羽極盡恭維，使關羽徹底解除了對陸遜的防備。最終兵敗身亡，留下了「大意失荊州」、「敗走麥城」的遺憾。而孫吳襲取荊州，正是成功運用「卑而驕之」戰法的又一典型戰例。

逸而勞之

【名言】

逸而勞之。

——《計篇》

【要義】

這是孫子在本篇中列舉的勝敵妙法「詭道十二法」之一。其大意是：敵方如果安逸，就應當設法使他疲勞。孫子一直極力主張攻擊疲憊勞頓之軍隊，因為疲勞的軍隊已經失去了進攻的銳氣，我以逸待勞可以保持旺盛的戰鬥力。如果敵方有充分的休整，十分安逸，就設法使敵人由逸變勞。這是孫子提出的一種很見功效的戰法。這一戰法時常為後世兵家所採用。

在現代游擊戰中的「拖」字訣，即將敵人肥的拖瘦、瘦的拖垮，正是孫子「逸而勞之」的新體現。

【故事】

春秋後期，諸侯爭霸的局面由黃河流域轉移到了長江流域。吳國勢力崛起，與楚國展開了霸主地位的爭奪戰爭。

楚國一直是春秋時代的一個強大國家，曾經與中原各國展開過百餘年的爭霸活動，其勢力的強大由此可見一斑。

周敬王八年，即魯昭公三十年（前五一二年），吳王讓徐國人逮捕公子掩餘，讓鍾吾人逮捕公子燭庸，這兩位吳國的公子遂分別從徐國、鍾吾逃到了楚國。楚昭王對他倆大加封賞，並確定了他倆及其隨從們的居住地方，同時，派監馬尹大心前去迎接吳國的兩位公子，讓他們居住在養（今河南沈丘東）地，派莠尹然、左司馬沈尹戌在那裡為他們築城，又把城父和胡地的土地封給他們，打算讓他們長期危害吳國。

子西遂勸諫說：「吳王光最近剛得到國家，親愛他的百姓，視民如子，和百姓同甘共苦，這是打算將要使用他們。如果我們和吳國邊境上的人結好，使他們溫柔順服，這樣我們還恐怕吳軍的到來。現在卻讓我們的仇人強大，以此激起他們的憤怒，恐怕是不宜的！吳國是周朝的後代，而被拋棄在海邊，向來不與中原的姬姓各國往來，現在才開始壯大，可以和中原各國相提並論。吳王光又很有文化知識，打算將自己等同於先王。不知上天將要使他暴虐，讓他滅亡吳國而使異姓之國擴大領地呢，還是最終保佑吳國呢？它的結果不會太遠了。我們何不暫且安定我們的神靈，安寧百姓，以等到它的結果，哪裡用得著煩勞我們自己呢？」楚王對此善言並沒有採納。

吳王沒有逮到兩位公子，大怒，這一年十二月，派兵抓了鍾吾國君，又攻打徐國，滅亡了徐國，徐國的國君遂逃奔到楚國。楚國的沈尹戌曾經出兵救援徐國，沒有趕上。於是，楚就在夷地築城，讓徐國的國君住在那裡。

吳國和楚國的積怨愈來愈深。吳王光遂向伍子胥詢問攻打楚國的計劃：「起初在王僚的時代，你說要攻打楚國，我知道這事是可以的，但是我恐怕王僚派我前去，又不願別人佔了我的功勞。現在我將要自己佔有這份功勞了。攻打楚國的計劃如何安排？」

伍子胥遂針對楚強吳弱這一現狀提出了一項旨在削弱楚國軍事力量的計劃。他說：「楚國執政的人員多且關係複雜互相不和，因此沒有人敢承擔責任。我們如果組織起三支部隊，對楚國發動突襲而後又快速撤回；我們每次襲擊它的時候，只派一支部隊去，楚國必然全國的軍隊都有所行動，出來應戰。他們來到邊境，我軍就馬上退回，他們退回，我們就再換另一支軍隊出動，這樣楚軍就一定疲於奔命。我們屢次襲擊又快退，用各種辦法促使楚軍判斷失誤。他們疲憊以後我們再派三軍大部隊跟上，一定能大勝他們。」

吳王聽從了這一策略，從此後，楚國軍隊就疲於奔命，馬不停蹄，陷入了極大的疲憊中。數年後，吳軍舉行了更大的軍事進攻，一路接連取勝，直攻入楚國的都城。楚國幾乎被滅亡。

吳、楚爭霸中，吳國興起才不久，國小力弱，而楚國勢力雄厚，兵力強盛。吳國遂採取「逸而勞之」的戰術，將自己的軍隊分為三支，每次派出一支部隊去襲擊楚國，而楚國並不明敵情，每次應付吳國的襲擊都出動所有的兵力，吳軍襲擊後又不與楚軍交鋒，而是馬上撤退。等楚軍也撤退後，吳軍再去襲擊，吸引楚軍再次出動。如此反覆不已，遂將楚軍拖得疲憊不堪。為吳、楚爭霸中吳國的最後勝利奠定了勝機。

親而離之

【名言】

親而離之。

——《計篇》

【要義】

這是孫子在本篇中列舉的勝敵妙法「詭道十二法」之一。其大意是：敵方內部和睦，就設法離間他。

人們常說：堡壘最容易從內部攻破。自己內部的不和諧甚至是相互敵視，力量必然消耗了，不用他人的打擊，自己就倒下去了。反之，對於內部的親密團結，則有「三人同心，其利斷金」、眾志成城、人心齊泰山移等說法。兵家對此體會尤深，故而孫子主張在對敵作戰中，要充分注意利用敵方內部的衝突，並擴大、加深他們之間的衝突，為自己的勝利創造可乘之機及有利條件。這一爭鬥方法，不僅在軍事中有廣泛的應用，就是在社會、政治、日常生活的爭鬥中都有廣泛的應用。

【故事】

在楚漢戰爭中，漢高祖三年（前二〇四年），劉邦及其軍隊被項羽圍困在滎陽長達一年，而且斷絕了漢軍的糧道。劉邦對此憂心忡忡，一時也無計可施，遂請求與項羽平分天下，他只要滎陽以西的地方。但是，項羽卻不答應。漢王劉邦就問陳平：「天下如此混亂，什麼時候才能安定？」

陳平分析了劉邦與項羽兩人各自的短長，並向劉邦道出了破楚的計謀：

「項王的為人，對人恭敬有禮又愛護，士人中清廉有氣節好禮的人多數歸從了他。至於以功行賞分封爵位和食邑，他就太看重了，楚軍中能得到分封的人很少，士人也因為這一點不服從他。現在大王您對人輕慢而沒有禮貌，士人中清廉有氣節的人也因此不來您這裡；然而大王能以爵位和食邑給人，士人中不清廉好利無恥的也因此多數歸從了漢。如果您能將你們兩人各自的短處去掉，汲取兩人的長處，天下很容易就安定下來了。然而大王率意任性，不敬重他人，因此不能得到廉潔有氣節的人。不過，再看楚內部頗有可以使它自己混亂的地方。項王的骨鯁之臣有亞父范增、鍾離昧、龍且、周殷等，但也不過是區區幾人。大王您如果能拿出幾萬金銀財寶施行反間計，離間他們君臣的關係，用以迷惑項王的心志，項王為人好猜忌他人且好聽信讒言，這樣，項王內部一定會出現裂痕。在楚軍內部互相猜忌的時候，您再因此發兵而攻擊它，楚王軍隊就一定能被攻破。」劉邦聽後認為很有道理，遂拿出錢幣四萬斤，交給了陳平，任由陳平支配，從不過問他是如何花費使用的。

陳平遂馬上多用金錢收買人，在楚軍中實施反間計，並到處宣傳說：各位將軍如鍾離昧等人作為項王的將領，功勞已經很多了，然而最終不能得到封地為王，都希望和漢一條心，在平滅了項羽後分封項王的土地做王。這些風言風語隨即傳到了項羽的耳中，項羽果然不再相信鍾離昧等人了，便派使者到漢軍中打探消息。劉邦遂殷勤招待楚使者，準備了一桌極為豐盛的酒席，使者入席後，劉邦看到楚王項羽的使者，立即做出一副驚訝的樣子說：「我原以為是亞父派來的使者，原來卻是項王的使者。」說完，立刻令人將酒席撤下去，換上幾樣粗劣的飯菜招待。

楚使者回去後，把他經歷的事全部告訴了項羽。項羽果然又對亞父范增起了疑心。當時，范增正想發動猛烈的攻勢攻下滎陽，項羽此時卻不信任他了，自然對他的計劃也不再採納了。范增知道原來是項王懷疑自己與漢私通，遂大怒不已，並向項羽辭行：「天下的大勢已成定局了，大王您自己好好地做吧！請求允許我將這把老骨頭帶回家去！」項羽也不加挽留，就讓范增離開了。范增還沒有走到彭城，就因氣憤過度引發後背上的毒瘡迸裂，病發而亡。

范增是項羽軍中唯一的智囊人物，與項羽關係密切，被項羽稱為亞父。他的離去，使勇有餘而謀不足的項羽失去了支柱，在之後的楚漢戰爭中，項羽雖然還打過幾次勝仗，卻已是疲於應付了，等待他的只有失敗的命運了。

在楚漢爭戰中，劉邦運用陳平的計謀，使用「親而離之」的離間計，使項羽對范增起了疑心，迫使范增離開了項羽。這為劉邦日後奪取戰爭的最後勝利打下了有利基礎。其實，在古今戰爭中，離間計的使用頻率很高。再如：田單在保衛即墨時成功地離間了樂毅；在長平大戰中秦國離間趙國，使趙國以只能紙上談兵的趙括代替了老將廉頗，後在滅趙的過程中又使趙國自己殺死名將李牧；在眾所周知《三國演義》中離間敵人關係的故事就更多，其中較為著名的是蔣幹盜書，使曹操殺死了水軍將領蔡瑁、張允，為東吳的水軍鏟除了心腹大患。

攻其無備，出其不意

【名言】

攻其無備，出其不意。此兵家之勝，不可先傳也。

——《計篇》

【要義】

這是孫子對「詭道十二法」謀略的集中歸納和高度概括，是孫子軍事思想中指導用兵的原則和精華。其大意是：進攻就要攻擊敵人毫無防備的地方，出擊就要攻擊敵人意料不到的地方。這就是兵家取勝的奧妙訣竅，這是需要根據具體情況的變化而臨機應變，不可能事先傳授的。在「詭道十二法」的每一具體戰法中都貫穿著「攻其無備，出其不意」的思想。戰爭就是鬥力又鬥智的，而鬥智的謀略更為兵家所採用。

【故事】

隋末唐初，那是一個各地勢力割據一方、戰爭風雲四起的年代，也是英雄輩出的年代，當然，那也是一個民不聊生、命如草芥的年代。

唐高祖李淵起兵攻克隋首都長安（今陝西西安）後，即部署統一天下的大業。武德四年（六二一年），李淵派李孝恭、李靖前去殲滅蕭銑。當時，蕭銑佔據了江南東起九江，西至三峽，北自漢川，南抵交趾的廣大地區，擁兵四十萬，成為一方不可忽視的勢力。李靖向李淵提出了征伐蕭銑的十個決策，李淵都採納了，故而任命李靖為行軍長吏，負責平定蕭銑事宜。

這年八月，李靖集結大軍於夔州（治所在今四川奉節東，轄境當今奉節、巫溪、巫山、雲陽等縣地），隨即兵分三路，順長江東下。時正為秋季多雨時節，江水氾濫，三峽水路艱險。蕭銑認為唐軍不能沿長江進犯其都城江陵（今湖北江陵），竟然不對長江設置防備，卻命令他的士兵回鄉務農。

九月，李靖軍隊行至下峽時，江水暴漲，對軍隊前進帶來了極大的不便。軍中各位將領勸李靖等到大水退去再繼續前進，李靖卻分析說：「兵貴神速，機不可失！現在我軍已經來到這裡，蕭銑還不知道，我們如果趁水漲的時機，迅速行軍到他的城下，這就是所謂的迅雷不及掩耳之勢，是用兵的最好策略。縱然他知道了我們的軍事行動，倉促之間再徵集軍隊，也無法與我們對敵了，這樣我們一定能生擒蕭銑。」

蕭銑沿江的各地守將，對突然到來的唐軍是始料未及。唐軍遂一路攻克了沿江的郡縣城池，直逼夷陵（今湖北宜昌）。蕭銑的勇將文士弘率領精兵數萬屯駐在清江，這是蕭銑手中唯一一支可用的軍隊。唐軍與之交戰，初期失利，最終大勝，繳獲船隻四百餘艘，斬首及溺死的蕭銑軍隊近萬人。江陵的最後一道防線就此崩潰瓦解。

李靖乘清江大勝文士弘的有利時機，率領五千輕兵為先鋒，迅速來到江陵，並在城下安下大營。此時，蕭銑聽說文士弘已經失敗，而唐軍又兵臨城下，才感到了懼怕，急忙下令在江南各地徵兵，果如李靖說的那樣，沒有一兵一卒能夠前來救援。李孝恭帶領大軍隨即跟進，戰勝蕭銑在江陵的守軍，俘虜四千多人。唐軍於是包圍了江陵，無奈之下，蕭銑只有投降了。

李靖平定蕭銑一戰發生在秋季大水時節，蕭銑以為大水時節唐軍不能順江東下，遂在長江沿線不對唐軍防備。而李靖利用蕭銑不設防備，乘長江水漲之時，順水而下，對蕭銑發起突擊，直趨江陵，正是採用了「攻其無備，出其不意」的策略一舉攻克了江陵，平定了蕭銑。

多算勝，少算不勝

【名言】

夫未戰而廟算勝者，得算多也；未戰而廟算不勝者，得算少也。多算勝，少算不勝，而況無算乎！吾以此觀之，勝負見矣。

——《計篇》

【要義】

孫子對軍事問題十分慎重，他注重事先的謀略，謀略不是空想，而是基於各種情況的理智分析所制定的計劃。故而，孫子的第一篇就講計。

這句話的大意是：凡是還沒有出兵交戰就在廟算上已經先獲勝，是由於得到的「算」較多；沒有出兵交戰就在廟算上已經先失敗，是由於得到的「算」較少。得到「算」多的一方勝過得到「算」少的一方，更何況是那沒有得到「算」的呢！我憑藉這一點去判斷，雙方的勝負之分就一清二楚了。古代戰爭極為嚴肅，是國家的大事，在戰爭前，國君及將領要在廟堂中衡量一下戰爭雙方的各種利弊，預測一下戰鬥的勝負結果，就叫做廟算。後世以廟算指戰爭前對戰爭的全面考量、估計。

【故事】

漢高祖元年（前二〇六年），秦朝被各地起義軍推翻後，項羽由於最有實力，兵力達四十萬，遂自立為西楚霸王，並撕毀與劉邦誰先入關中誰為王的約定，封劉邦為漢王，管轄巴、蜀和漢中，卻將關中地區一分為三，封給秦朝的三名降將，用以防止劉邦東進。當時，項羽分封了十八個諸侯國。連他自己在內，當時的中原被分成了十九個小國。

項羽和劉邦及其領導的軍隊在推翻暴秦的過程中，產生了決定性的作用。他們兩人也都是胸有大志的，都希望天下聽命於自己。項羽做了天下的霸王，自然意氣風發。劉邦也自然對封自己為漢王心有不甘，只是鑑於實力不及項羽，無奈地暫時聽命於項羽罷了。

但是，劉邦並沒有消極地聽從命運的安排。劉邦在進入漢中的路上，拜被蕭何追回並極力推薦用以爭取天下的人才韓信為大將軍。拜將之後，劉邦就向韓信問取天下的計策：「丞相多次在我面前提到將軍您，將軍有什麼高明的計策教導我？」

韓信敬謝不敢，並反問劉邦：「大王您要東向爭權於天下，對手難道不是項羽嗎？」劉邦說：「正是他。」韓信又問：「大王您自己考慮一下，您在勇敢、強悍、仁慈、實力等方面，比得上項王嗎？」劉邦沉默思考了許久說：「我哪一方面也不如他。」

韓信聽後，又一次拜賀說：「就是我韓信也認為大王不如他。然而我曾經在項王手下做過事，我就說說項王的為人情況吧。項王發怒大喊，千人皆伏，那是勇猛到了極點，卻不能任用賢能的部將，這只不過是匹夫之勇。他對人恭敬慈愛，說話體貼，他人若生病，他就痛哭流涕，親自端藥餵飯，至於有人立功而應當封爵，而官印在他手裡都嚴重磨損了，他還強忍不封，不肯將印授予人，這是所謂的婦人之仁。現在項王雖然稱霸天下、臣服了諸侯，卻不在關中建立都城，而建都於彭城（今江蘇徐州）。項王背棄了與楚義帝的誓約，而將自己親信的人封王，因此諸侯們對此都深感不公正。各路諸侯見項王放逐義帝並將他安置在江南，各路諸侯也紛紛效仿，驅逐他們原來的君主而自立為王。項王所經過的地方，沒有不殘敗滅絕的，天下百姓對此多有抱怨，因此，百姓也就不親服他，只不過都害怕他的威猛和實力罷了。項羽在名義上雖稱霸天下，實際上卻失去了天下的人心。所以說項王的強盛容易變得脆弱。

「現在大王您確實能反其道而實行如下的措施：任用天下的勇武之士，天下哪一個人不可以被您誅殺？用攻下的城邑分封給功臣，哪一個人不服從您？況且關中的那三個封王本是秦朝的降將，他們帶領關中子弟多年了，死在他們手裡的子弟不可勝數，他們又欺騙部下從而投降了諸侯軍，在新安那個地方，項王不信任秦人，遂坑殺了二十多萬投降的秦朝子弟，唯獨章邯、司馬欣、董翳他們三人保住了性命，秦朝的父老對這三人怨恨到了極點，可以說是恨之入骨。項王強大以威勢封了這三人為關中的王，關中的秦人是沒有喜愛他們的。

「大王您進入武關後，秋毫不犯，廢除秦朝的嚴苛法令，並與秦人約定法律。雖只有那簡單的三章，但關中的秦人沒有不希望大王您來關中為王的。您入關之前，義帝與您及諸侯誓約：誰先入關誰就為關中之王。大王您第一個入關，您應當被封為關中之王，這一點，關中的民眾都知道的。後來的結果卻是，大王您失職不能王關中，而去漢中為王，關中的秦民對此沒有不痛心疾首的。現在大王您舉起義旗揮師東下，關中地區僅僅發佈一只檄文就可輕易地解決。」

劉邦聽後，十分高興，自認為得到韓信太晚了，並且馬上聽從韓信的計劃，部署各個將領向東進發，擊滅項羽的軍隊，拉開了持續五年之久的楚漢戰爭，最終奪取天下，建立了漢朝。

韓信與劉邦的一席話，周密地分析了劉邦和項羽各自的優劣長短，以及天下形勢，計算他們的得失勝負，做出了東進的戰略決策，可謂是一個卓越的廟算，體現了多算勝少算的預先籌謀。後來諸葛亮的《隆中對》，同樣也是一個體現多算勝少算的著名廟算籌謀。

兵聞拙速，未睹巧久

【名言】

兵聞拙速，未睹巧之久也。夫兵久而國利者，未之有也。

——《作戰篇》

【要義】

這是孫子在其兵法的第二篇《作戰篇》中提出的一個重要軍事思想，即進行戰鬥應當速戰速決速勝。其大意是：軍事用兵上只聽說過簡單的速戰速決，沒有見到巧妙的持久。戰爭持久而對國家有利，那是從來沒有的事。因為持久戰要消耗大量的人力和物力資源，尤其是在經濟不發達時代，戰爭應當更加慎重。

孫子在此提出的速勝論，揭示了戰爭指導中的一般規律。速戰與持久戰，是戰爭中經常運用的策略和戰術，要看具體情況而定。一般而言，速戰速決更為軍事將領所常用，因為它能快速地止住戰爭，使社會資源不至於大量地消耗，有利於社會的安定和發展。

【故事】

唐朝武則天光宅元年（六八四年），則天廢除剛即位不久的中宗皇帝為廬陵王，立豫王李旦為帝，是為睿宗，從此，朝政大權盡歸則天。為了鞏固自己的位置，武后就大批地排擠、殺死、囚禁不聽命於她的大臣和李氏宗室的親王。這就引起了相當一部分人的不滿，反對武后執政的呼聲也愈來愈高，並進而發展成部分人的武力對抗。

這一年，遭受政治打擊的眉州刺史徐敬業、其弟周至令敬猷、給事中唐之奇、長安主簿駱賓王、詹事司直杜求仁、周至尉魏思溫、監察御史薛仲璋等相聚於江都（今江蘇揚州），以匡復李唐宗室為旗號，起兵反對武則天的統治。

徐敬業起兵後，以魏思溫為軍師，並向他詢問下一步的進兵計劃。魏思溫便說：「將軍您起兵以匡復李唐宗室為藉口，兵貴神速，您就應該率領大軍正大光明的開進，早率大軍出江淮，直指洛陽。那麼天下所有人就都知道您的目的是在匡復皇室，四面八方就紛紛響應您的號召了。」

徐敬業想採納魏思溫的計策，而薛仲璋則建議說：「金陵（今江蘇鎮江）那個地方王氣已經出現了，我們應該盡早地響應，況且又有長江天險，不用佈防就已十分牢固。因此，我希望先出兵攻取金陵周圍的常州（今江蘇常州一帶）、潤州（今江蘇鎮江一帶）等地，作為我們王霸大業發展的根據地和基礎。然後再向北用兵圖謀中原，進攻則沒有不利的，退守則有根據地可依歸，我認為這才是最佳的策略。」徐敬業也認為此一計劃可行，便欲採納。魏思溫卻不同意這一計劃，繼續表明他的主張，進而說：「山東豪傑因為武后專制弄權、控制朝政，都忿忿不平，一旦他們聽到將軍您起兵了，他們會紛紛自發地蒸飯當作軍糧，拿起鐵鋤當作武器，等待您率領大軍從南方打過來。您如果不利用這種大好態勢建立大功業，反而去積蓄力量退縮於江南經營自己的巢穴，您這不是想自立為王嗎？遠近四方的人得知您如此作為，他們就聚集不起來，誰還會響應您？」

魏思溫的這一中肯可行的計劃並沒有被徐敬業採納，反之，徐敬業卻採取了向南用兵的建議，他派唐之奇領兵駐守江都，自己則帶領一部分軍隊南渡長江進攻潤州（轄境今江蘇南京、鎮江、丹陽、江寧等縣市，治所在鎮江）。魏思溫見自己的建議不被採納，就對杜求仁說：「兵勢宜合不宜分，合則聲勢強大，分則勢力薄弱。現在徐敬業並不集中兵力北渡淮河，收服山東之眾，並率領他們進攻洛陽，失敗就在眼前。」果然，在隨後的戰爭中，徐敬業在官府軍隊的進攻下，步步失敗，最後兵敗身亡。

徐敬業起兵反對武后，本來應該採取速戰速決的策略，集合兵力，直搗洛陽，如果那樣，天下的局勢也許改觀。但是，他卻分兵經營江南，延緩時日，反而給武后調兵遣將、完成佈防的可乘之機，正違背了兵家的「兵貴拙速、兵久而國利者，未之有也」的教訓，所以最終失敗也是必然的。

盡知用兵之害與利

【名言】

不盡知用兵之害者，則不能盡知用兵之利也。

——《作戰篇》

【要義】

這是孫子在本篇中論說用兵可能給自己帶來危害說的一句話，其大意是：不完全懂得用兵的危害，就不能完全懂得用兵的利處。戰爭不僅給對方帶來災難，也給自己帶來嚴重的後果，在現代人看來，戰爭沒有贏家。即使戰爭的勝利方，也必須為此付出相當大的代價。孫子對戰爭利害的辯證意識，不僅反映了他對戰爭的深刻洞察，而且對指導時至今日的戰爭仍有重要意義。

【故事】

戰國後期，秦國的強勁勢頭在歷次的戰爭中已經磨練出來了，成了當時戰爭中的常勝國家。秦國的勢力及其發展方向一直是東方，秦遂對三晉發起了頻繁的軍事進攻，韓、魏、趙三個國家在秦國強大的軍事打擊下，幾乎喪失了還擊的能力，在軍事上勝少敗多，在土地上，國土被秦國一點一點地蠶食，從而變得日漸狹小；在聲勢上，三晉國家雖然頻頻遭受秦國的攻擊，但面對無奈的軍事失敗自然也是理不直氣不壯。

當時，趙國在名將廉頗、趙奢和賢臣藺相如等人的扶持下，還能苦苦地支撐著危局。趙孝成王七年（前二五九年），秦國的軍隊與趙國的軍隊相持於長平，一場決定趙國命運的大戰就在兵奮馬嘶的氣氛中拉開了。此時，一代名將趙奢已經死去，藺相如生了重病，趙國只得派出老將廉頗領兵抵抗秦軍。廉頗雖然是一位領兵多年的名將，也是一位常勝將軍，但在秦軍猛烈的進攻面前，廉頗所指揮的趙國軍隊卻連連失敗。廉頗只好指揮趙國軍隊加固軍營的防守，避免與秦軍交戰，減少失利的可能。

秦軍在多次挑戰，而廉頗卻不應戰的情況下，派人到趙國行離間計，說：「秦國最痛恨的事，唯獨害怕馬服君趙奢的兒子趙括作為將領。」

趙孝成王對廉頗的多次失敗已經心懷不滿，又怪廉頗固守不敢與敵交鋒，遂聽信了秦國間諜的話，任命趙括為將，準備代替廉頗。藺相如勸諫說：「大王您以虛名使用趙括，好比膠柱鼓瑟，是不可以的。趙括只能熟讀他父親的兵書，卻不知道通權達變。」趙王不聽，最終任命趙括為將，到前方去代替了老將廉頗。

趙括自小就學習兵法，也熟讀兵書，每當談起軍事問題的時候，就自以為天下沒有人能夠抵得上他。有一次，他曾經與父親趙奢談論起如何用兵作戰，趙奢竟難不倒他，但是趙奢卻不認為他能領兵。趙括的母親遂問趙奢什麼緣故，趙奢便道出了理由：「用兵作戰，是事關個人生死及國家存亡的大事，而趙括卻認為是很容易的小事一樁。假使趙國不任命趙括為將也就算了，如果一定任命他為將，破滅趙國軍隊的一定是趙括。」

就在趙括受命即將出行的時候，他的母親向趙王上書說：「不可派趙括為將。」趙王忙問原因，趙括的母親說：「我起初侍奉他的父親趙奢，當時趙奢已經是將軍了，他親自捧著飯菜服侍他人吃飯的人就有幾十個，以朋友對待的人有上百人，大王及國家所賜封給他的財物，他全部分給了軍中的官兵，他從受命的那一天起，就再也不過問家裡的事。現在趙括一做了將軍，召見官兵的時候，官兵們沒有人敢抬頭看他的，大王賜給他的財物，都藏到家中，看到便利的良田和華美的宅邸可以買下的就買下。大王您認為他和父親相比如何？他父子倆不一樣，請求大王您不要讓他去。」

但是，趙王的決心已定，並答應趙括的母親，萬一趙括失敗，不會罪及家人。

趙括代替廉頗到長平後，全部更改了原先軍中的命令，同時替換了軍中的一些官吏。趙軍遂表現出一副與敵作一死拚的架勢。秦國將領白起聽說趙括為將，就以奇兵與趙軍交戰，假裝失敗，引誘趙軍來追。趙括帶領四十餘萬人軍直追到秦軍營前，卻不能攻破秦軍營壘。這時秦軍的另兩支軍隊從趙軍背後形成了對趙軍的合圍之勢，同時切斷了趙軍的糧食補給通道。趙軍被圍四十餘天，趙括所率領的四十餘萬大軍衝不出秦軍的包圍，最後矢盡糧絕，以至於相食人而生，最終被秦軍全部俘虜並坑殺。趙括自己在亂軍中也被亂箭射死。趙括遂成了紙上談兵的可笑人物。長平一戰，趙國損失四十五萬人，元氣大傷。

趙括出身於將門世家，自幼便飽讀兵書，紙上談兵，就連他的父親趙奢也不是他的對手。正是由於他熟知兵法，遂狂妄自大，認為天下無人可比，用兵是一件極容易的事。從而看不到用兵本身所具有的危險，結果落了個兵敗身死的下場，也留下了一個「紙上談兵」的無用名聲。他正是違犯了孫子「不盡知用兵之害者，則不能盡知用兵之利也」的告誡。

因糧於敵

【名言】

善用兵者，役不再籍，糧不三載；取用於國，因糧於敵，故軍食可足也。

——《作戰篇》

【要義】

軍需物資，尤其是軍糧，對支持戰爭有決定性意義。孫子充分注意到了戰爭較量在本質上其實是國家經濟力量的較量，故而他在此提出了「因糧於敵」的思想。這句話的大意是：善於用兵的人，徭役不要多次徵發，糧食也不要多次輸送，先從國內徵糧，後從敵方那裡得到糧食補充，所以軍需用糧就可以滿足。

俗話常說：「兵馬未動，糧草先行。」在古代交通基本依靠人力畜力的情況下，運輸量是有限的，自己運糧本身的消耗也是巨大的。因此，孫子在後文中又說：「聰明的將領一定設法奪取敵人的糧食，吃掉敵方糧食一鍾，相當於自己的二十鍾；豆秸、草料一石，相當於自己的二十石。」因糧於敵，不僅解決了自己的軍糧，減輕了國內的壓力，而且重要的是，奪取了敵方的糧食，能給敵方造成巨大的經濟、軍事壓力，為奪取勝利創造有利條件。

【故事】

在古代社會中，軍隊的行軍速度在數千年間幾乎沒有變化。早在春秋甚至春秋以前，行軍速度即已確定，即每日正常行軍三十里，然後安營紮寨休息，這叫一舍。長距離的征戰，往往費時費力。例如，魏明帝派遣司馬懿出兵征遼西，當時從洛陽出兵到遼西，不足三千里。明帝問出兵往還需要多少時間，司馬懿回答說：「從洛陽出發到遼西需一百天，在遼西打仗一百天，回來需一百天，還需拿出六十天休整軍隊，這樣一年的時間就足夠了。」日行三十里的行軍進度，到清代還仍被兵家奉為法寶。

在如此速度下的行軍，軍需物資的供應就是個人問題。宋代著名的科學家沈括曾經在《夢溪筆談》卷十一中有過如下的計算：

每個民夫可以背負六斗米，士兵自己可以攜帶五天的口糧，一個民夫供應一個士兵，一次可以維持十八天（六斗米，每人每天吃兩升，兩人吃十八天）。如果計算回程的話，只能前進九天的行程。兩個民夫供應一個士兵的話，一次可以維持二十六天（一石二斗米，三個人每天吃六升，八天後，其中一個民夫所背的米已經吃完，給他六天的口糧讓他先返回。之後的十八天，兩人每天吃四升米）。如果要計算回程的話，只能前進十三天的路程。三個民夫供應一個士兵，一次可以維持三十一天。如果要計算回程的話，只可以前進十六天的路程。三個民夫供應一個士兵，已經到了極限了。

如果要出動十萬軍隊，輜重佔去三分之一的兵力，能夠上陣打仗的士兵只有七萬，就要用三十萬民夫運糧，再要擴大規模就很困難了。每人背六斗米的數量也是根據民夫的總數推算出來的。因為其中隊長自己不能背，負責打水、砍柴的人只能背一半，他們所減少的要分攤在眾人頭上。另外還會有死亡及生病的人，他們所背的也要由眾人分擔，實際上每人背的不止六斗。所以軍隊中不容許有吃閒飯的，一個吃閒飯的人要兩三個人供應他還不夠用。如果用牲畜運糧，駱駝可以馱三石，馬或騾可以馱一石五斗，驢子可以馱一石。與人工相比，牲畜雖然馱得多，花費也少，但如果不能及時放牧或餵養，牲口就會瘦弱而死。一頭牲口死了，只能連牠馱的糧食也一同拋棄。所以與人工相比，各有得失。

不過，沈括的這個計算太理論化了，我們還是看一個歷史上的實際紀錄更能說明問題。

秦始皇時，發兵守衛北河（今內蒙古烏加河一帶），從今山東省的福山、龍口、膠南等沿海地區向北河輸送軍糧，大致是運送三十鍾糧食而能送到一石。鍾是古代的一種計量單位，一鍾為六石四斗，即六十四斗，三十鍾即為一百九十二石糧食，僅有一石被送到。這與孫子所說的吃敵一石相當於自己的二十石比，幾乎有十倍的差距，千里饋糧的代價不能不說相當大。

南北朝時期，南陳與北周展開了一場對湘州（今湖南長沙）的爭奪戰鬥。周明帝武成元年（五五九年），陳朝將領侯瑱、侯安都等率領大軍包圍了湘州，並阻斷了去湘州運送糧食的道路。周派賀若敦率領步兵、騎兵六千人，渡過湘江救援湘州。侯瑱等人見援軍孤軍深入，就計劃消滅它。但是，賀若敦每次佈設奇兵，每戰一定擊敗前來想消滅自己的侯瑱部隊，一路上乘勝前進，遂到達了湘州附近。因此賀若敦滋生了輕敵之心，也就不再將侯瑱看在眼裡。

不久，大雨不止，秋水氾濫，江路中斷，糧路再次被阻，周軍中人心畏懼不安。賀若敦於是派兵到處搶奪糧食物資，用以補充軍用。賀若敦又恐怕侯瑱知道他已經缺糧，遂在軍營中築起許多土堆，外面覆蓋上糧米，召集來各營的士兵，每人都拿著布袋，由主管人員分派，好似真的分糧一樣。同時，賀又召來附近的村民，假裝詢問情況，並使軍營外的敵軍能遠遠地看見，隨後把村民送出去。

侯瑱等人聽到這一情況後，便相信了賀若敦的糧食確實充足，遂佔據險要地方，想與賀若敦作曠日持久戰。賀若敦也增修營壘，建造房舍，顯示他要作長期固守的樣子。這樣一來，從湘州到羅州之間的農民，因為害怕打仗都沒心思種田，從而使當地的農業生產遭到廢棄。

起初，當地人經常駕著小船，裝載糧食及成籠的雞鴨送給侯瑱軍隊作軍餉。賀若敦對此極為憂慮，遂派士兵偽裝成當地人，在船中埋伏武裝的士兵，駛向侯瑱駐地。侯瑱的士兵看見有船駛來，以為又是饋送餉糧的當地船隻，遂逆水而上爭著來接取東西，埋伏在船中的武士就乘機將他們全部擒獲過來。這樣多次襲擊之後，即使有真正饋送糧餉的，侯瑱也害怕又是賀若敦的人在設詐用謀，就派人攻擊，再也不敢接受了，也沒有人敢送糧了。就這樣，雙方相持了一年多，侯瑱等人始終不能取勝賀若敦。

賀若敦在衛守湘州之戰中，軍中缺糧之際，他採取了「因糧於敵」的策略，派兵到處搶掠糧食，穩定了軍心。又迷惑敵人，使對方誤認為他糧食真的充足，不敢對他發起強攻，爭取了固守的時間。同時，他又打擊對方的糧食補充線路，使對方再也不敢接受當地人的饋送。

殺敵者，怒也

【名言】

殺敵者，怒也。

——《作戰篇》

【要義】

這是孫子提出的一個具有普遍意義的治軍原則，即加強軍隊仇恨敵人的心理教育以取得作戰的勝利。其大意是：部隊英勇殺敵，是靠激發起士兵對敵人的仇恨。用一個成語說，就是「同仇敵愾」。戰爭的雙方總是有矛盾，利用這一矛盾，做思想工作乃至於政治工作，教育士兵，激發起他們對敵方的仇恨，鼓舞自己的士氣，使士兵在作戰過程中奮勇殺敵。這一治軍方法時常為古今軍事家採用，而且對於激勵士氣以爭取戰鬥的最後勝利也極其有效。

【故事】

東漢明帝永平十六年（七二年），竇固派司馬班超出使西域的鄯善（西域古國，本名樓蘭，西漢元鳳四年改名為鄯善，今新疆若羌一帶），鄯善的國王廣隆重地接待班超及其隨從人員。

過了些時日，班超發現接待他們的禮數忽然不周了。班超就對他的部下說：「你們有沒有發覺國王廣對我們的禮數疏淡了？這一定是北方的匈奴使者也來了。廣此時正在狐疑不決，不知道服從哪一方。眼光明銳的人能看出還沒有萌芽的發展苗頭，何況現在事情已經很明顯了。」

班超召來接待他們的胡人詐騙他說：「匈奴的使者來了好幾天了，現在他們居住在什麼地方？」接待他們的胡人見事情已為漢使所知，恐懼萬分，就把詳細情況都說了出來。

班超明瞭了情況後，召集起他們全部人馬共三十六人一塊喝酒，喝到酒酣耳熱之際，班超激怒他們說：「你們大家和我現今都處絕域之地，想立大功以求得富貴。眼下匈奴使者來到鄯善才沒有幾天，而國王廣對我們的禮數就不周了。如果匈奴使者要求鄯善國將我們逮起來送給匈奴，那麼我們的骸骨就永遠成為豺狼的食物了。我們該怎麼辦？」

隨從們都說：「我們身在危險之地，死生聽從司馬您的命令。」

班超嚴肅地說：「不入虎穴，焉得虎子。當今之計，我們只有趁夜以火攻敵，使他們不知道我們有多少人，敵人一定非常震驚恐懼，可趁機殲滅他們。消滅了這些敵人，鄯善人也會嚇破膽的。那樣，我們大功告成，出使的功業也就確立了。」眾人一致贊同。

到了晚上，班超帶領部下直奔匈奴使者住的營房。班超令十人持鼓隱藏在敵營後，並且約定：「看見火燃燒起來，都要使勁敲鼓大喊。」其餘的人則全部拿著弓箭夾門埋伏。當時，天正颳大風，班超遂順風放火，鼓鳴人喊，聲響震天動地。匈奴人驚慌失措，班超親自殺死三個敵人，部下則殺死匈奴使者及其隨從三十多人，其餘的一百多人則在深夜的混戰中葬身火海。

第二天，班超召見鄯善國王，給他看匈奴使者的首級，鄯善舉國震驚，鄯善國王遂以子為人質，與漢通好。

班超出使鄯善，人少且身在絕域，但在面對匈奴大隊使者的到來時，卻能陷入絕境而不亂，對部下曉之以情，動之以理和利，激發起部下們的決心，同仇敵愾，奇襲了匈奴使者，不僅使自己轉危為安，而且使鄯善國歸附漢朝，出色地完成了使命。

取敵之利者，貨也

【名言】

取敵之利者，貨也。

——《作戰篇》

【要義】

孫子不僅注重做好士兵們的思想工作，而且也注重對軍隊的物質獎勵。這句話的大意是：奪取敵人是靠用財貨獎勵士兵。

常言道：重賞之下，必有勇夫。懸設厚重的財物獎賞，是歷代兵家治軍用兵素來十分重視的一種辦法。重獎的目的，在於鼓舞士氣。獎賞運用得當，則能激起廣大官兵的積極性，提高軍隊的戰鬥力。不過，在傳統時代，獎勵的辦法之一，是在勝敵後允許士兵對失敗者任意的搶掠，這就對當地人們的生活及生產帶來了極大的災難，是不可取的。

【故事】

東漢桓帝延熹五年（一六二年），長沙（轄境今湖南東部、南部及廣東、廣西的部分地區，治所今湖南長沙）、零陵（轄境今湖南邵陽以南資水上游、衡陽與道縣之間的湘水瀟水流域和廣西桂林、永福以東陽朔以北地區，治所今湖南零陵）兩地有七、八千人謀反，其首領自稱將軍。造反者隨即攻入桂陽（轄境今湖南耒陽以南的耒水、舂陵水流域，北至溁水入湘附近，南包廣東英德以北的北江流域）、蒼梧（轄境當今廣西都龐嶺、大瑤山以東，藤縣以北，廣東肇慶、羅定以西，信宜以北，湖南江永、江華以南地區）、南海（轄境當今廣東滃江、大羅山以南，珠江三角洲及綏江流域以東）、交趾（轄境當今廣東、廣西的大部，和越南的北部、中部）四郡，交趾刺史與蒼梧太守望風逃奔，交趾、蒼梧兩個郡就都落到了叛亂者的手中。

朝廷派御史中丞盛修招募軍隊前去討伐，沒有成功。在招募的軍隊中，有從豫章艾縣（今江西修水西）招募的六百人，他們應招後卻沒有得到相應的募酬，引起他們的憤怒，於是也造了反，焚燒了長沙的一些郡縣，又攻擊益陽（今湖南益陽），殺死縣令，造反者的聲勢漸漸強盛。漢廷又派謁者馬睦、督荊州刺史劉度前去剿滅，官兵再次大敗，馬睦和劉度在亂軍中逃得了性命。

桓帝又任命度尚為荊州刺史，替代劉度平息叛亂。度尚親自率領部隊，與士兵同甘共苦，得到了士兵們的信任，他又從各少數民族部落中招募了大批勇戰武士，設置獎勵機制，然後出兵進擊，大敗叛亂者，僅投降的就有一萬多。桂陽一帶的造反首領卜陽、潘鴻等人連戰皆敗，害怕度尚軍隊的猛烈攻擊，就率眾逃入了深山中。度尚則窮追不捨，追了數百里，一直追擊到了南海。度尚又接連攻破叛亂者的三個軍屯，繳獲了大量的珍寶財物。

卜陽、潘鴻雖然失敗，然而剩餘的力量依然不小，黨羽眾多。度尚希望乘勝消滅他們，而一路勝利且富了起來的士兵已經驕橫，都沒有了鬥志。度尚心想，如果對軍隊放縱管理，他們就不去賣命苦戰；如果緊逼強迫，他們一定會都逃亡，想來想去，計上心來。他遂說：「卜陽、潘鴻等做賊十餘年，熟悉攻守之道，我們兵力弱小，不能輕易進攻他們。等到各地的的援軍都來以後，大夥再合力一起進攻。又在軍中下令：暫沒有戰鬥任務，將士們可以任意去打獵。」士兵們的高興勁就不用提了，都三五成群地結夥去打獵。

度尚隨即密令親信潛回軍營放火，將士兵們得到的財物全部化為灰燼。士兵們回來後，見自己用生命換來的財寶都被燒毀，沒有不痛哭流涕的。度尚則逐一安慰，並且深深自責沒有看管好營房，又乘機開導他們說：「卜陽等賊人積攢起的財貨足以讓我們這些人富足好幾輩子，諸位只是不盡力殺敵罷了。只要我們消滅了敵人，諸位還怕沒有財寶嗎？今天的損失實在太小，不足掛齒，也不值得諸位介意。」眾人聽後，人人激憤，踴躍請戰，士氣一下子高昂起來。

度尚遂命令做好進攻的一切準備，第二天早晨，官兵們就直接奔赴敵營。卜陽、潘鴻等人自以為藏得深，營壘也堅固，數日來又不見官兵進攻，遂不加防備。度尚及其軍隊乘著一股銳氣，奔入敵營，大敗卜陽、潘鴻，一舉平息了叛亂。

度尚在平息叛亂的開始，針對招募來的士兵設立獎勵制度，鼓舞了士氣，取得了連續的勝利，但是驕富起來的士兵也失去了鬥志。度尚密令人燒掉自己的營房，將財寶全部燒盡，又鼓勵、引導士兵們去戰勝敵人，奪取敵人的財物，從而一鼓作氣，取得了戰鬥的勝利。

善養敵卒，勝敵益強

【名言】

車戰，得車十乘已上，賞其先得者，而更其旌旗，車雜而乘之，卒善而養之，是謂勝敵而益強。

——《作戰篇》

【要義】

孫子注意到了在戰爭中如何使敵方的力量轉化為己方的力量問題。這句話的大意是：車戰中如果繳獲敵人的戰車十輛以上，要獎勵最先獲得者，並更換車上的旗幟，將繳獲的戰車混雜使用，俘虜的士兵應善加供養，這就叫做戰勝敵人而自己更加強大。在傳統戰爭中，俘虜的命運往往是被殺死的，沒有生命的武器裝備則改換主人。孫子在此提出要使俘獲的敵方人員能夠為我所用，可以說是一個重要的理論貢獻。敵方的人物資源為我所用，這本身已經削弱了對方的力量，同時也使自己更加強大。

【故事】

在兩漢之際，更始二年（二四年），劉秀受劉玄之命，平定河北。當時天下大亂，各地勢力蜂起，僅在河北就有銅馬、高湖、重連等數十支農民起義軍，大約有數百萬人。

劉秀擊破王郎後，便積極採取各個擊破的策略向各支起義軍發起進攻。他派大將吳漢調發幽州（漢武帝所置十三部刺史之一，轄境當今河北北部、遼寧大部及朝鮮大同江流域）、冀州（漢武帝所置十三部刺史之一，轄境相當今河北中南部、山東西端及河南北端）等地十餘個郡的軍隊，於這年秋天大破銅馬軍，並追擊到館陶（今河北南部及山東交界處），再次打敗他們，銅馬軍遂準備向劉秀投降。在投降事宜還沒有進行完畢的時候，高湖軍及重連軍從東南方過來救援，與銅馬軍的殘部會合一起，劉秀軍隊與起義軍在蒲陽展開大戰，再次戰勝他們，逼迫他們的餘部投降，並封各起義軍的首領為侯。銅馬軍、高湖軍等投降後，各路起義軍的首領心不自安，恐怕在劉秀軍中受到不公正對待。劉秀知道了他們的憂慮後，命令他們各自回到自己的軍營，約束部下，他自己則單人匹馬，來到起義軍的軍營，一一安撫部署。投降的人遂相互說：「大王推心置腹，真誠相見，怎麼不教人盡力報答！」由此，銅馬軍等都衷心歸附。劉秀因此勢力大增，軍隊一下子增至數十萬，當時人稱劉秀為「銅馬帝」。這為劉秀日後奪取天下奠定了基礎。

東漢末年，天下復亂，黑山起義軍、黃巾軍等紛起各地。漢獻帝初平三年（一九二年），青州（今山東北部和膠東半島一帶）黃巾軍百萬餘眾攻入兗州（今山東西部一帶），曹操進軍兗州攻打黃巾軍，一直追擊到濟北。黃巾軍投降，有士兵三十多萬，男女老少共百餘萬，曹操從中選拔精壯的士兵加以改編，號稱青州兵。從此，曹操有了一支獨立的武裝力量。後來，曹操不僅陸續接受投降的部隊，而且他帳下的許多將領也都是從敵方那裡投降來的，這使曹操的勢力在混戰中愈來愈強。

劉秀和曹操，都能在戰爭中正確地處理降卒問題，做到「卒善而養之」，最終為自己所用，從而壯大了自己的力量，實現了孫子所說的「勝敵而益強」的目的。

不戰屈人，善之善者

【名言】

百戰百勝，非善之善者也；不戰而屈人之兵，善之善者也。

——《謀攻篇》

【要義】

孫子在本篇中提出的「全勝」戰略目的，即是「不戰而屈人之兵」。這句話的大意是：百戰百勝，不是高明中最高明的；不用戰鬥而使敵軍屈服，才是高明中最高明的。這說明兵家的戰爭目的在於以戰止戰，並非是爭強鬥狠的黷武行為。「不戰而屈人之兵」，孫子既把它作為戰略決策的最佳選擇，也作為具體戰役戰術的最佳手段。戰史顯示，要實現「不戰而屈人之兵」，是軍事實力與謀略乃至於天時、地利等各個方面的結合促成。這作為孫子以「全勝」謀略為核心的戰爭思想，不僅具有理論創新意義，而且有實踐指導意義。

【故事】

東漢光武帝建武四年（二八年）秋，劉秀派王霸與捕虜將軍馬武各領一支軍隊征討在垂惠（今安徽蒙城北）稱雄割據的周建。另一個割據稱雄的蘇茂與周建互應，得知周建受到劉秀的攻擊，就急忙率領五校兵四千餘人援救周建。

蘇茂先派一支精銳的騎兵襲擊馬武的軍糧隊伍，迫使馬武前來營救，而周建則乘機領兵從城中衝出來夾擊漢軍。馬武的軍隊認為有王霸的援助生力軍，遂在戰鬥中都不盡力，結果就被蘇茂及周建的軍隊打得大敗。

馬武率領軍隊退敗經過王霸的軍營時，大聲呼喊，請求救援，然而，王霸卻按兵不動，並對馬武及其敗軍說：「敵人兵力太強，我如果出營，咱們兩個都會失敗，你們還是自己努力吧。」他部下的將官們都爭著請求去營救馬武。

王霸又說：「馬武的士兵全是精銳，他們的人數又多，我們的士兵還對敵人心存懼意，而捕虜將軍認為有我們相依靠，所以他們不盡力與敵作戰，我們兩軍的思路不同，這是失敗之道。現在我閉營固守，表示絕不援助他們，敵人一定會乘勝輕易冒進；捕虜將軍及其所部見不到我們的援助，一定會奮戰自保。這樣的話，蘇茂的部隊就會疲勞，我們乘敵人疲勞時再出擊，就可以打敗他們了。」

蘇茂、周建果然出動全部軍隊圍攻馬武。馬武及其部隊得不到友軍的救援卻受到敵人的猛烈攻擊，也只好人人奮力殺敵自保，雙方遂陷入了激戰膠著狀態。並且由於激戰了很久，雙方也都逐漸顯露出久戰後的疲憊狀態。

王霸及其軍隊作壁上觀，對此一情況看得十分清楚，於是軍中人人激奮，遂有幾十名壯士斷髮請戰。王霸知道士兵們鬥志高漲，遂打開軍營的後門，出動精銳的騎兵襲擊敵人的背後。蘇茂、周建軍隊前後受到夾擊，驚慌失措，大敗逃走。王霸、馬武也各自回到軍營中休整。

不久，周建等又聚集起殘兵敗卒前來挑戰，王霸卻絕不應戰，而在軍中與士兵們聚餐作樂。蘇茂令部隊放箭，亂箭像雨一樣落到王霸的軍營中，其中一支箭還落到王霸面前的酒杯中，王霸依然安坐不動。諸位將官說：「蘇茂前幾天已經被我們打敗過，現在我們更容易擊敗他。」

王霸卻說：「不是這樣。蘇茂是客兵，遠道而來，他的糧食不足，所以他就多次來挑戰，希望拚死一戰能僥倖求勝。現在我們閉營休息士兵，迫使敵人自動退卻，正是兵法所謂的『不戰而屈人之兵，善之善者也』。」

蘇茂、周建接連數日不得交戰，遂領兵回到自己的軍營。當天夜晚，周建之兄子周誦向漢軍歸順，關閉城門不讓他們入城，周建、蘇茂連夜領兵逃走了，周誦就以垂惠城向王霸投降了。

王霸討伐周建、蘇茂之戰，在初戰勝利後，即閉營休息，針對蘇茂遠道而來糧食不足的弱點，對敵人的多次挑戰不予理會，不給對方可乘之機，迫使敵人自行退卻；同時，周建軍隊的內部衝突也因戰爭而加劇，致使周誦以城投降，從而達到了不戰而屈人之兵的目的。

上兵伐謀

【名言】

上兵伐謀，其次伐交，其次伐兵，其下攻城。

——《謀攻篇》

【要義】

孫子在《謀攻篇》中對戰爭的形式作了大致的劃分，他認為戰鬥約有四個不同的類型或方式，即：謀略戰、外交戰、野戰、攻城戰。這句話的大意是：指導用兵的手段，上策是挫敗敵人的戰爭圖謀，其次是挫敗敵方的外交同盟，再次是野戰，最下的策略是攻城。在天下混亂、各地勢力蜂起的年代，要想謀取戰爭的勝利，外交活動是必不可少的。孫子充分注意到了外交對於軍事的輔助作用，從而將「伐交」列為僅次於「伐謀」的最佳用兵選擇手段。

伐交的目的是孤立敵方，使它的同盟破裂，失去同盟的支持，造成有利於我攻擊的態勢。隨著時代的發展，外交在世界政治中的作用愈來愈重要，孫子的伐交謀略依然具有指導意義。

【故事】

在春秋時期，晉平公想進攻齊國，派范昭先到齊國查看一下齊國的政治現狀。范昭來到齊國，齊景公設宴款待，當酒喝得興高意濃的時候，范昭竟提出要用景公的酒杯喝酒。景公說：「把我這個酒杯斟滿，給客人進酒。」范昭喝完景公杯中的酒後，晏子說：「把這些酒具拿下去，重新換一套來。」換上另一套酒具後，范昭遂假裝喝醉了，不高興地跳起舞來，對主管音樂的太師說：「你能為我演奏西周的樂曲嗎？我跳舞給你們看。」太師卻說：「我這個瞎眼人不熟悉西周的音樂。」范昭遂不高興地快步走了出去。

范昭出去後，齊景公對晏子說：「晉國是個大國，派人來查看我國的國政，現在你激怒大國的使者，該如何是好？」晏子說：「那范昭的為人，並不是一個孤陋寡聞而不懂禮節的人，他是打算試探試探我們君臣，因此我拒絕了他。」景公又對太師說：「你為什麼不為客人演奏西周的樂曲？」太師說：「西周的樂曲，是天子享用的，演奏它，一定要君主跳舞。而范昭只是一個臣子，卻想用天子的樂曲跳舞，所以我不為他演奏。」

范昭回到晉國後，報告晉平公說：「齊國不能討伐。我想試探齊國的國君，但是被晏子看破了；我想冒犯他們的音樂，卻被太師知道了。」於是，晉國中止了征伐齊國的圖謀。孔子聽說此事後說：「好啊！不出酒宴之間，卻戰勝了千里之外的敵人，說的就是晏子吧，而太師也參與其中了。」

春秋時，魯文公十二年（前六一五年）冬天，秦國為了五年前令狐戰役失敗的緣故，由秦伯親自率領軍隊攻打晉國，並佔據了羈馬（今山西永濟南）。晉國出動三軍抵禦秦國的進犯。其中，中軍由趙盾率領，荀林父作為輔佐；郤缺率領上軍，臾駢作為輔佐；欒盾率領下軍，胥甲作為輔佐。范無恤為趙盾駕馭戰車，在河曲迎戰秦軍。

臾駢說：「秦軍不能持久，請高築軍壘鞏固軍營等著他們。」趙盾聽從了他的這一建議。

秦軍打算出戰。秦伯對士會問道：「我軍用什麼辦法作戰？」士會是從晉國逃到秦國的，對晉國的內政十分熟悉，所以他回答說：「趙氏新近提拔他的一個部下名叫臾駢，一定是他出的這個主意，打算使我軍久駐在外而師老。趙氏有一個旁支的子弟叫趙穿的，是晉國國君的女婿，受到國君的寵信而年少無知，不懂得作戰，好勇猛而又狂妄，又討厭臾駢做了上軍的輔佐。如果我們派出一些勇敢而不剛強的人對上軍加以襲擊，也許可行。」秦伯把玉璧扔到黃河裡，向河神祈求戰爭的勝利。

十二月初四那一天，秦軍襲擊晉軍的上軍，隨即退走，趙穿急忙率領一支軍隊追趕秦軍，卻沒有趕上。回來後發怒說：「我們裝著糧食披著鎧甲，就是要尋求敵人作戰的。敵人來了不去攻擊，這是打算等什麼呢？」其他將官說：「要等待時機啊。」趙穿說：「我不懂得什麼計謀，我打算自己出擊。」隨即帶領他的部下出戰。趙盾說：「秦國要是俘虜了趙穿，就是俘虜我們的一個卿。秦人帶著勝利回去，我用什麼回報晉國的父老？」於是，帶領三軍全部出戰。雙方剛一接觸，就彼此退兵了。

秦國的使者夜裡來到晉軍大營，告訴晉軍說：「我們兩國國君的將士都沒有打痛快，明天請在戰場上再相見。」臾駢觀察了使者的言行後，就對趙盾等將領說：「秦國使者的眼珠轉動得快而且聲音也失常，這是害怕我們，他們打算要逃走了。我軍立即出動把他們逼到黃河邊上，一定可以打敗他們。」胥甲、趙穿卻擋住營門大喊說：「死傷的人還沒有收攏而把他們丟棄，這是不仁慈；不等到約定的日期而把人逼到險地，這是沒有勇氣。」於是，晉軍停止了出擊。秦軍連夜逃走了。

晏子及太師在酒宴之間，接連阻止晉國使者范昭的無禮要求，使晉國不敢貿然發起對齊國的戰爭，挫敗了晉國的企圖。達到了「不出樽俎之間，而折衝於千里之外」的所謂上兵伐謀的目的。而秦晉之戰，雙方更是鬥智鬥謀，晉國針對秦軍遠來不能持久，想作持久戰；秦軍則熟悉晉國的內政及其矛盾，並利用矛盾激怒趙穿，誘使晉軍出戰，在其目的幾乎要達到時，晉軍全部出動，使秦的計謀落空，同樣是一場兵家伐謀的精彩戰例。

戰國時期，周赧王二年（前三一三年），秦國打算攻打齊國，而當時齊國與楚國合縱為盟，關係親密，於是，秦國派張儀出使楚國，作為楚國的宰相。楚懷王聞聽張儀將要來，佈置好華貴的賓宿給張儀住。懷王見到張儀後，問道：「我們是地處偏僻、文化落後的國家，您有什麼高見指教？」

張儀對懷王說：「大王您確實能聽從我的話，閉關和齊國斷絕合縱和約，我將獻給您秦國的商於（今河南淅川西南）那塊地方的六百里地，使秦王的女子成為大王您的箕帚之妾，秦國和楚國相互娶婦嫁女，永遠結為兄弟友好之國。這是您向北削弱齊國，向西聯合強大秦國的計劃，再沒有比這更好的計謀了。」

楚懷王聽後十分高興，就答應了張儀的要求。楚國的朝臣們聽說後，也都來向懷王祝賀，而唯獨陳軫憂慮這件事。楚王發怒說：「我不用興師發兵就得到六百里地，所有的大臣都來祝賀，只有你憂慮這事，為什麼？」

陳軫回答說：「不是那樣的，在我看來，商於那塊地方我們不僅得不到，而秦、齊卻已經聯合起來了。秦、齊一旦真正聯合，那麼我們的禍患也就隨後跟來了。」

楚王又問：「你這話有什麼更進一步的解釋嗎？」

陳軫回答道：「秦國之所以看重楚國，就是因為楚有齊國這個強大的同盟。現在您閉關和齊國絕交，那麼楚國就孤立了。秦國這樣一個貪婪、孤立的國家，怎麼會給楚國商於六百里的土地呢？張儀回到秦國，一定辜負、背叛大王您，這樣，楚國北方與齊國絕交，西方與秦國產生禍患，而他們兩國的軍隊也就一定都來攻擊我們了。為大王出個最好的計劃，不如先暗中與秦國結交而表面上與齊國絕交，派人跟隨張儀到秦國。秦國如果真給楚國土地，再與齊國絕交還不晚；如果秦不給我們土地，也正符合我們的計謀。」

楚懷王根本不聽，並且不悅地說：「卿無須多言，你就等著看寡人得到秦國的土地吧。」

於是，楚懷王就將相印交給張儀，並送給他豐厚的禮物，同時閉關和齊國絕交，並派一位將軍跟隨張儀到秦國準備領取土地。

張儀回到秦國，假裝失足墜車受傷，三個月不去上朝。楚懷王得知後，說：「這是張儀認為我們和齊國還沒有完全絕交啊。」遂又派一名勇士到宋國，借宋國之符，向北大罵齊王。齊王得知後大怒，遂折節而與秦國交好。秦、齊和好後，張儀才上朝，他對楚國的使者說：「我有奉邑六里地，願意獻給大王。」

楚使者說：「我從國王那裡接受了命令，是商於之地六百里，不曾聽說六里地的事。」楚使者急忙回到楚國報告楚懷王，楚王大怒，欲發兵攻擊秦國。

陳軫此時說：「我可以張開口說話了嗎？攻打秦國不如割地以賄賂秦國，和秦國共同發兵而攻打齊國，這樣，我雖然割地給了秦國，卻能從齊國取得土地作為補償，大王的國家還可以生存下去。」

楚王不聽，最終還是派將軍屈　率兵攻打秦國。秦國和齊國則共同出兵攻擊楚國，殺掉楚軍八萬人，將軍屈　也戰敗被殺，秦國遂奪取了楚國丹陽（今河南、陝西之間丹江以北地區）、漢中等地。楚國又再增加兵力而繼續襲擊秦國，大軍進至藍田（今陝西藍田），與秦軍展開大戰，楚軍再次大敗。於是，楚國只好再割出兩個城池給秦國以講和。楚國的實力受到嚴重打擊。

在秦、齊、楚三國的關係中，秦本來想攻打齊，由於楚、齊同盟而有顧慮，於是派張儀到楚國破壞齊、楚的同盟關係。張儀憑藉三寸不爛之舌，使糊塗昏聵的楚懷王言聽計從，最終與齊國絕交。而秦國卻沒有送地給楚國，引起楚王大怒，在失去理智的情況下發兵攻秦，結果被秦、齊兩國的軍隊擊敗。楚國再次發兵攻秦，再次大敗。損兵折將不說，還在戰爭中丟失了許多國土。張儀的「伐交」手段可謂高明。

小敵之堅，大敵之擒

【名言】

用兵之法，十則圍之，五則攻之，倍則分之，敵則能戰之，少則能逃之，不若則能避之。故小敵之堅，大敵之擒也。

——《謀攻篇》

【要義】

孫子固然十分強調謀的意義，但他也絕不忽視具體用兵的方法。在如何戰的問題上，孫子對每一戰的勝負利害表現出了極大的關注，他珍視每一戰的勝利而反對進行無利甚至賠本的戰鬥。這句話的大意是：用兵的法則是，十倍於敵人就圍殲它，五倍於敵人就進攻它，兩倍於敵人就分割它，勢均力敵也要能列陣而戰，弱於敵就要能適時退卻，敵我力量懸殊要能避免接觸。所以弱小軍隊如果集中力量堅守，就會成為強大軍隊的俘虜。孫子在此提出的用兵法則，千百年來一直具有指導意義。

【故事】

西漢武帝元朔六年（前一二三年）春，大將軍衛青領兵從定襄（郡名，治所在成樂，即今天的內蒙古和林格爾西北的土城子，轄境相當今內蒙古長城以北的卓資、和林格爾、清水河一帶）出發，征伐匈奴，合騎侯公孫敖為中將軍，太僕公孫賀為左將軍，翕侯趙信為前將軍，衛尉蘇建為右將軍，郎中令李廣為後將軍，左內史李沮為強弩將軍，他們都歸大將軍管屬。漢軍出征後，斬了數千匈奴人的首級勝利返回了。

過了一個多月後，這支漢軍再次從定襄全部出發，繼續征伐匈奴，殺死、俘虜敵人一萬多人。蘇建、趙信一同領三千多騎兵，作為主力軍隊的一翼行動，偏偏他們碰上了匈奴單于的精銳軍隊，雙方展開激戰，持續了一天一夜多，漢軍人少勢寡，傷亡極大，幾乎沒有多少戰鬥力了。趙信本來就是匈奴人，他投降漢軍後被封為翕侯，他看到局勢危機，再加上匈奴人引誘，遂帶領剩下的八百騎兵投降了匈奴單于。蘇建在這種形勢下失掉了他的全部軍隊，僅僅一個人逃了出來，回到大將軍衛青的軍營。

衛青向軍正閎、長史安、議郎周霸等詢問，對蘇建戰敗失軍的過失，按軍法應當如何處置。周霸說：「自從大將軍出兵以來，還沒有斬殺過裨將，現在蘇建丟棄了軍隊，可以斬殺，以此表明將軍的威嚴。」軍正閎、長史安卻不同意，說：「不應斬。《兵法》上說：『弱小的軍隊即使戰鬥力不差，也會成為強大軍隊的俘虜。』現在蘇建用數千的兵力對單于的數萬軍隊，力戰一天多，都不敢有背叛之心。蘇建自己歸來而被斬首，這是教以後的人再遇到類似的情況不應當有生還歸來的意思。蘇建不當斬。」衛青說：「我僥倖以姐姐的關係來到軍隊中效力，我不害怕沒有威信，而周霸要求我斬蘇建以明軍威，這很不合我的心意。況且假使我的職權能夠斬殺將官，以我為臣子現在的尊榮、寵信，卻不敢妄自有專殺大權於境外，將蘇建交給天子，讓天子自己處理這事，就此用來說明為人臣子的不敢專權，這樣不是也可以嗎？」諸位軍官都一致同意稱善，衛青遂將蘇建囚禁起來。

蘇建在與單于的作戰中，由於人少，僅三千騎兵與匈奴數萬人激戰一天多，所以雖然他們作戰勇敢，卻也傷亡嚴重，幾乎到了死傷殆盡的地步。孫子所謂「小敵之堅，大敵之擒」，這一戰恰是一個例證。

國君之患於軍者

【名言】

君之所以患於軍者三：不知軍之不可以進而謂之進，不知軍之不可以退而謂之退，是為縻軍；不知三軍之事，而同三軍之政者，則軍士惑矣；不知三軍之權，而同三軍之任，則軍士疑矣。三軍既惑且疑，則諸侯之難至矣，是謂亂軍引勝。

——《謀攻篇》

【要義】

孫子在其兵書中多次賦予將領重大的責任，如《作戰篇》中說將領是民之司命和國家安危之主，在《謀攻篇》中則以將為國之輔。將領既然有如此重要的責任，則其權限也必然有相應的範圍，即在戰爭中「君命有所不受」。他顯然看到了國君尤其是不懂軍事的國君對戰爭的危害。因此，孫子在此列舉出了國君對軍隊的三種危害情況，其大意是：國君對軍隊造成危害有三種情況：不知道軍隊不可以進攻而硬要它進攻，不知軍隊不可以退卻硬要它退卻，這叫牽制軍隊；不知三軍的事務而硬要參與三軍事務的管理，士兵就會覺得迷惑；不知三軍的權限而硬要參與三軍之職的委任，士兵就會感到疑慮。三軍將士既迷惑又疑慮，那麼諸侯各國舉兵來襲擊的災難就會降臨，這就叫做擾亂自己的軍隊而導致敵人的勝利。自己的首腦系統不統一，必然使軍隊上下混亂，這正是敵人尋找我方漏洞發動攻擊的大好時機。歷史上有許多戰例印證了孫子的這一警告。

【故事】

在唐朝平息安史之亂的戰爭進程中，朝廷軍隊曾經由於政令不一，而導致失敗，增加了平息叛亂的難度。

唐肅宗乾元元年（七五八年），安史之亂的平息進程似乎被官方軍隊漸漸的掌握了，大批的失地被收復，官兵的勝利接連不斷。九月，肅宗命朔方節度使郭子儀、河東節度使李光弼、關內節度使王思禮、北庭行營節度使李嗣業、襄鄧節度使魯炅（炅音：窘）、荊南節度使季廣琛、河南節度使崔光遠等九位節度使各率軍隊征討安慶緒。肅宗認為郭子儀、李光弼都是對朝廷有極大功勞的人，很難相互統屬，因此九路人馬不設總元帥，而以宦官魚朝恩為觀軍容宣慰處置使，節制統領各軍。

十月，郭子儀率軍大敗安太清部後，進而包圍了衛州（今河南汲縣一帶）的叛軍，魯炅、季廣琛、崔光遠、李嗣業等也率兵與郭子儀會合。安慶緒則從鄴（今河北磁縣西南）發兵七萬，前來營救衛州之軍隊。郭子儀設伏打敗了安慶緒的援軍，不僅乘機攻克衛州，而且追擊安慶緒到了鄴，其他節度使也各率軍陸續跟進，包圍了安慶緒。危機中的安慶緒派人向史思明求救。史思明發范陽兵十三萬來援救安慶緒，史思明的軍隊震於官兵的聲勢不敢貿然進攻，就先派將軍李歸仁領步騎一萬駐紮在距鄴以北六十里的滏陽（今河北磁縣），與安慶緒遙相互應。

崔光遠攻克了魏州（今河北大名）後，史思明兵分三路又奪回了魏州。乾元二年正月，史思明在魏州城北築壇，自稱大燕聖王，與官兵打起了持久戰。李光弼建議說：「史思明奪取魏州後按兵不動，這是想鬆懈我軍，而後在我沒有防備的情況下用精銳襲擊我軍。我請求和朔方軍隊一同逼迫魏州，要求與他決戰，他以前曾被我們擊敗過，一定不敢輕易與我作戰。這樣做曠日持久的打算，那麼鄴就被我軍的其他軍隊攻克了。安慶緒如果被殺，史思明也就沒有藉口興師動眾了。」魚朝恩以為不行，拒絕採納這一建議。

當時，官兵雖然人多勢眾，軍隊中卻沒有一個統一的主帥指揮，各軍的進退混亂無據，從冬天到春天，一直沒有能攻克鄴，只是引漳水灌城，使鄴城內糧食吃盡，一隻老鼠竟值四千錢。安慶緒等待史思明的援救而堅決固守，致使唐軍久攻不克，師老兵疲，漸漸露出了解體鬆懈的疲憊狀態。鎮西節度使李嗣業在攻城中身中流矢而死。

二月，史思明從魏州率軍奔赴鄴，各路大軍在離鄴城五十里的地方安營，每營選精銳騎兵五百，天天到城下的官兵那裡搶掠騷擾，官軍出來迎戰，他們就各自退回軍營。官軍的人馬牛車天天有所丟失，採集柴草尤其艱難。官軍白天防備，敵人則夜晚來，夜晚防備，則白天來。當時，由於多年的戰爭，使北方社會經濟受到嚴重破壞，朝廷的軍餉從南方的江、淮，西部的并州、汾州各地運抵河北。史思明派出許多壯士奪取了官軍的服裝衣號，假扮官軍在沿路督促運糧，責備運糧人行動緩慢，任意殺戮運糧人，使運糧人大為驚怖。在運糧隊伍舟車聚集的地方，他們就秘密縱火焚燒糧食。史思明的破壞隊伍來去自由，聚散方便，他們自己相互認識，而官軍對他們卻既不能辨認，也不能有效地阻止他們的行動。各路官軍因缺少糧食，人心不安穩，出現了潰敗離散的跡象。

史思明見時機成熟，遂帶領大軍直抵城下，官軍也與他確定了決戰的日期。

三月壬申的那一天，官軍步騎六十萬在安陽河的北面佈陣，史思明親自帶領精兵五萬應敵，各路官軍看見對方人少，還以為是史思明的游擊軍隊，並沒有放在心上。史思明指揮軍隊奮勇衝過來後，李光弼、王思禮、許叔冀、魯炅等迎上去激戰，雙方的傷亡都有一半左右，而魯炅又身中流矢負傷。郭子儀在後準備帶兵接應，陣勢還沒有佈好，大風突然從天而降，吹沙拔樹，天地間一片昏暗，人近在咫尺不能辨認，雙方的軍隊都被這突如其來的大風嚇呆了，恐懼萬分，紛紛停止了廝殺，自動撤離戰場。因此，官軍向南潰散，史思明的軍隊向北潰散。官軍潰散後遺棄的物資堆滿了道路。郭子儀以朔方軍阻斷河陽橋保護東京洛陽，他的軍馬本來有萬餘匹，大風過後只剩下三千，武器十萬，則全部丟失。洛陽的市民聽說官軍潰散，也都驚恐逃散，奔入山谷。留守崔圓、河南尹蘇震等官吏則南奔到了襄、鄧等地。各節度使都逃回了自己的軍營。潰散的官軍士兵經過的地方則搶掠一空，地方官吏既不能也不敢阻止。只有李光弼、王思禮收攏住了部隊，全軍而退。官軍收復的河洛大批土地再次落入叛軍手中。

鄴城一戰，唐廷雖然派出了幾乎全國的精兵，人馬達九路之多，卻由於沒有統一的指揮，而使各軍受牽制於宦官，遂導致全軍進退沒有統一的政令，雖然大軍圍困了安慶緒，卻在三、四個月的時間內不能攻克，使自己的軍隊師老意沮，而面對史思明的騷擾，更是無力應對，最後使河洛之地再度陷入敵手，多年征戰的功績頃刻間化為烏有。唐軍的錯誤正是犯了孫子所謂「君之患於軍」的情況，使自己既惑且疑，終成「亂軍引勝」的可悲結局。

知可戰與不可戰者勝

【名言】

知可以戰與不可以戰者勝。

——《謀攻篇》

【要義】

孫子在本篇中闡明了明瞭戰爭勝利的五種情況，這是其中之一，亦即「知勝五法」之一，其大意是：知道自己可以作戰與不可以作戰的一方在戰鬥中能夠勝利。戰爭中軍情多變，一個軍事指揮官如果能夠正確地分析敵我雙方的態勢變化，敏銳地把握戰機，在可戰的時候大膽投入兵力，在不可戰的時候即使是精兵也不可貿然戰鬥。只有這樣，才能實現孫子所說的「知彼知己，百戰不殆」，才能保證每戰必勝。因此，在戰爭中如何判斷出擊的時機就十分重要了。這也恰恰是孫子對一位優秀指揮官提出的一個基本要求。

【故事】

東漢獻帝建安二年（一九七年）正月，曹操率領大軍南征，來到宛（今河南南陽），駐紮在清水，張繡率領軍隊投降了曹操。曹操娶了張繡叔父張濟的妻子，使張繡懷恨在心。曹操聽說後，暗中有殺張繡的計謀，由於計謀洩露，張繡遂領兵反叛，並與劉表聯合起來，共同對曹操作戰。

就在曹操全力應對張繡、劉表的時候，袁紹想乘機進攻他的大本營許昌，曹操決定先回師救許昌。張繡見曹操退兵，急忙率領軍隊追擊。張繡的謀士賈詡說：「您不可以追，如果追擊一定失敗。」張繡不聽，遂領兵追擊，追上曹軍就是一場大戰，結果張繡大敗而回。此時，賈詡對張繡說：「快速收拾部隊再追上去，這一戰一定能取勝。」張繡謝絕說：「剛才不聽您的話，以至於失敗到這種地步。現在已經失敗了，怎麼還要追擊？」

賈詡說：「戰鬥的態勢有變化，快速追趕一定有所收穫。」張繡相信了他的話，遂收拾起殘兵敗卒再次追趕，追上曹軍，又是一次激烈戰鬥，張繡果然大勝而回。

張繡遂問賈詡：「我上一次以精兵追擊曹操的退兵，而您說我一定失敗；我失敗退回後又以敗兵再追擊剛打了勝仗的兵，而您又說一定能取勝。一切都如您說的一樣，為什麼我前後兩次用兵相反而都應驗了您的話？」

賈詡回答說：「這是很容易知道的。將軍您雖然善於用兵，卻不是曹操的對手。曹軍雖然剛剛退卻，曹操一定親自斷後；您的追兵雖然精銳，大將既然不是敵手，曹軍的士兵也都是精銳，所以我知道您一定失敗。曹操進攻您的時候從來沒有失策過，他的兵力還沒有用盡就撤退，一定是他的後方有了變故，他退兵時一定有精兵等著您去追；曹操既然已經在退兵途中打勝了將軍您，一定會輕軍快速撤退，縱然留下其他將軍來斷後，那些將軍雖說也都英勇善戰，卻不是將軍您的敵手，所以您用敗兵追上去再戰，就一定會取勝。」張繡聽後，大為嘆服。

在這場張繡追擊曹操退兵的過程中，前後兩次張繡用兵不同，所得的結果也不同。第一次，他不聽賈詡的勸阻，以精兵追擊，失敗而回；失敗後，賈詡又要他立刻組織起敗兵再次追擊，結果大勝而返。事後，賈詡分析了曹操與張繡的勢力及謀略，知道何時可以戰何時不可戰，故而他第一次阻止張繡追擊，等張繡失敗後，他又主張再快速追擊，從而取得了勝利。

識眾寡之用著勝

【名言】

識眾寡之用者勝。

——《謀攻篇》

【要義】

這一名言也是「知勝五法」之一，其大意是：知道如何根據兵力多少進行配置的一方勝利。戰爭是雙方軍事力量的全面較量，而在戰鬥中如何合理地使用兵力，使兵力的配置與組合發揮最大的效益，一直是軍事指揮官思考的一個重人而又現實的問題。軍隊人員與武器有效的組合，能夠使軍隊發揮出最大的效能，這一點在古今中外的戰爭史上已經得到了證明，而且也成為後世軍事家必須認真進行研究的問題。

【故事】

戰國末年，秦始皇統一天下的腳步顯然沒有人能夠阻擋得住。「六國滅，四海一」的新歷史時代已經在血與火的洗禮中露出了曙光。

秦始皇十八年（前二二九年），秦派將軍王翦攻打趙國，第二年就消滅了趙國。秦始皇二十一年（前二二六年）秦軍乘勝又消滅了燕國，將燕王趕到了遼東。次年，秦軍在回師途中又消滅了魏國。同時，王翦的兒子王賁在對楚國的作戰也幾乎沒有失手過。一切似乎都進行得那麼順利、如意。

秦國的一位年輕將軍名叫李信的在對燕國的戰爭中，曾經以數千軍隊追逐燕太子丹，一直追到了衍水（今遼東一帶），最終打敗燕軍並殺死太子丹。這件功勞讓秦始皇對李信印象頗好，認為他十分英勇。於是秦始皇問李信：「我想進攻並消滅楚國，對於將軍來說，估計用多少兵力就可以了呢？」

作為常勝將軍的李信也頗為自信地回答：「平滅楚國，不過用二十萬人。」

秦始皇就此軍國大事又問了王翦，王翦卻說：「要消滅楚國，非用六十萬人不可。」六十萬人的軍隊，需要多大的軍費開支與國力支持，秦始皇當然明白。秦始皇說：「王將軍您老了，怎麼膽氣不足了！李將軍果斷有氣勢、雄壯勇敢，他的話是對的。」秦始皇遂在二十三年（前二二四年）派李信和蒙恬帶領二十萬大軍南下討伐楚國。王翦因為意見不被採納，遂稱病回頻陽老家休養去了。

李信率領一支軍隊進攻楚國的平輿（今河南平輿西北），蒙恬率領部分人馬進攻寢，進展都十分順利，大敗楚軍。李信隨即又南下進攻鄢郢（今安徽壽縣），再次打敗楚軍。於是李信率領軍隊向西，與蒙恬的軍隊在城父（今安徽亳縣東南）會合。楚軍卻因此尾隨上來，追擊秦軍三天三夜不解甲，也迫使秦軍三天三夜沒有得到安寧的休息，遂大敗秦軍。楚軍攻入秦軍軍營，僅都尉級別的軍官就有七人被楚軍殺死，失敗的秦軍只得從楚國撤退了。

秦始皇聽到前線的軍隊失敗了，大發雷霆，只好親自前往頻陽，向將軍王翦道歉說：「寡人因為不用將軍您的計策，李信果然使我們秦軍受到了羞辱。現在聽說楚軍天天向西推進，將軍您雖然有病，難道您就忍心拋棄我嗎？」

王翦卻推辭道：「老臣身體多病，神志錯亂，希望大王再選擇其他有才能的將軍。」

秦始皇說：「罷了罷了，請將軍不要再說這樣的話了。」

王翦見推辭不掉，就說：「大王您若一定要用我，我是非六十萬人不可。」秦始皇隨即答應下來，並親自為王翦送行到灞上。王翦帶領六十萬秦軍，進攻楚國，雖然楚國出動了全國的軍隊來抵禦，楚軍最終還是失敗，楚國也被消滅。

王翦消滅楚國一戰，是充分考慮了楚國的實力才確定使用多少兵力的。他認為，雖然楚國多次被秦軍打敗，但是楚國畢竟是個大國，勢力相對雄厚。李信說用二十萬人時，秦始皇好功心切，沒有聽王翦的意見，派李信領兵去消滅楚國，結果失敗而歸。最終秦始皇在失敗面前，不得不接受王翦的條件，派王翦領兵六十萬進攻楚國。老將王翦基於對楚軍力量和秦軍力量的分析，知道對付楚國，不是區區少量軍隊就可以的，必須使用大軍，才能徹底擊垮楚軍，達到消滅楚國的目的。

以虞待不虞者勝

【名言】

以虞待不虞者勝。

——《謀攻篇》

【要義】

這一名言亦屬「知勝五法」之一，大意是：以有準備的一方對付沒有準備的一方，有準備的一方勝利。孫子要求一位將領或指揮官應對即將發生的戰鬥要有周密的考慮，並做好充分的準備，使自己立於不敗之地，給予沒有準備的敵人致命打擊，這樣才能在戰爭中取得勝利。古人也一直強調「凡事預則立，不預則廢」的重要性。一支軍隊縱使有優勢，但如果沒有準備，也不是真正的優勢。孫子在此對預有準備的思考，實在是勝敵的要訣。

【故事】

西漢宣帝神爵元年（前六一年）春天，居住在今天青海一帶的西羌先零部落脅迫其他一些少數民族部落發動叛亂，進犯漢邊塞，攻打城鎮，殺害官吏軍民。光祿大夫義渠安國所帶領的三千騎兵也被叛亂的羌人擊敗，輜重兵器幾乎都丟失了，這嚴重危及到河西一帶地區的安全。

當時，將軍趙充國已經七十多歲了，宣帝以為他年老了，派御史大夫丙吉問他誰可以為將去平息叛亂，趙充國回答說：「恐怕沒有比我更合適的人。」

皇帝又派人問他：「將軍估計一下羌人的情況如何，我們應當派出多少人？」

趙充國說：「百聞不如一見。戰爭這件事難以在遠離前線的後方作出估計，我願意立即飛馳到金城（今甘肅永靖西北），繪製出地圖，依據敵情擬定策略，上報陛下。然而，先零羌是個小部落，違背天意而發動叛亂，它滅亡的時日不會太久了，希望陛下將這件事交給老臣處理，請不要為此擔憂。」皇帝笑著答應了。

趙充國到了金城，等集結了一萬騎兵後，就想渡過黃河。他恐怕渡河時會遭到羌人的襲擊阻撓，於是在夜間派三支小分隊先渡過河，渡河後立刻安營佈陣。天亮之後，先遣部隊已經佈好營陣，大部隊也隨即依次渡過了河。羌人有數百騎兵在漢軍軍營附近出沒探視。趙充國說：「我們的人馬正是疲倦的時候，不可驅趕追擊。這些都是驍勇的騎兵，難以一下制勝，又恐怕是他們的誘敵之兵。打擊敵人以全殲他們為目的，這種小利不值得貪圖。」遂下令軍隊不得出擊。其後，趙充國派出偵察騎兵到四望峽谷中偵察，發現沒有羌人，在夜間他又帶領軍隊進至落都谷，召集軍中各位軍官，對他們說：「我知道羌人不會用兵作戰了，假使他們派幾千人把守在四望峽谷，我們的軍隊怎麼能進來！」趙充國用兵常常派人到遠處偵察敵情，行軍時必定做好戰鬥的準備，駐紮時必定構築堅固的營壘。他尤其能慎重地評估戰事，愛護士兵，先計謀好再出兵作戰。漢軍一路小心翼翼，遂進軍到了都尉府。趙充國最終平息了先零羌的叛亂。

趙充國在平息先零羌的叛亂戰爭中，從進兵開始，就是一副高度戒備的樣子。他派出偵察兵了解敵情，然後決定行軍，行軍途中不忘戰備；駐紮後，就構築堅固的軍營，防備敵人的襲擊。他時時以戒懼之心去防備敵人，使自己時刻有準備，體現了孫子所謂的「以虞待不虞」的用兵精神。

以不可勝待敵之可勝

【名言】

昔之善戰者，先為不可勝，以待敵之可勝。不可勝在己，可勝在敵。

——《形篇》

【要義】

孫子對待戰爭，採取的是積極而慎重的態度。在具體的戰鬥中，他提倡自己立於不敗之地，然後再尋找可以戰勝對方的時機。這句話的大意是：從前那些善於作戰的人，總是先造成自己不可戰勝的條件，然後等待敵人出現可以被戰勝的機會。不可戰勝在於自己，可以戰勝在於敵人。自己首先防備好，沒有縫隙或漏洞，不給敵人任何可以攻擊的機會，等待敵人的漏洞，然後抓住機會擊敗敵人。這一用兵法則，由於先確立自己不可被敵人戰勝的狀態，積極有效，故時常為兵家所採用。

【故事】

唐武德二年（六一九年），稱雄於并州（今山西北部汾水中游地區）的劉武周聯合突厥人南下攻唐。劉武周的大將宋金剛在殲滅唐軍裴寂部後，又乘勝攻陷了晉州（今山西河津）、澮州（今山西翼城），原先歸順李唐的夏縣（今山西夏縣）的呂崇茂也乘機反叛。這使長安感到十分震驚，唐高祖李淵竟然打算放棄河東（今山西一帶）而守河西。李世民卻不主張放棄河東，他認為太原是李唐的發祥之地，是國家的根本；再說河東物產富饒，更不可輕易放棄。他遂要求帶領三萬精兵北上迎戰。

這年的十一月，李世民率領軍隊自龍門渡過黃河，駐軍於柏壁（今山西新降西南二十里），與前來的宋金剛軍隊形成對峙局面。李世民並不主動出擊，只是與宋金剛對峙，宋金剛也不得戰鬥，只好與唐軍持久地消耗下去。當時，由於連年的動亂，河東地區在亂軍的搶掠之後，各地已經沒有糧食，糧食奇缺，哀鴻遍野，人心騷動不安。唐軍來到後從民間徵糧，收穫不大，軍中面臨乏食少糧的局面。李世民下令士兵，使民眾知道是他李世民來了，人們知道後，許多人都來歸附，然後再徵收軍糧，軍需得以充足。而宋金剛部則需要從北方遠途運糧來供應前線，糧食不足，遂漸漸陷入了困境。李世民在與宋金剛對峙的過程中，積極準備應戰，又派出奇兵襲擊宋金剛的運糧部隊，斷其糧道，加重敵人的困難。

同時，唐又派李孝基、獨孤懷恩等急攻夏縣的呂崇茂。呂崇茂向宋金剛求救，宋金剛派尉遲恭、尋相領兵到夏縣救援，結果，唐軍大敗，李孝基、獨孤懷恩等人也都被尉遲恭部俘虜。在尉遲恭返回澮州的途中，李世民派兵在美良川打敗他。而後李世民又率領步騎三千夜襲安邑（今山西運城西北），殲滅了劉武周的尉遲恭部，使尉遲恭僅以身免。這一連串的小勝使唐軍人人振奮，戰鬥情緒高漲，而李世民卻仍不出戰宋金剛部。他對部將說：「宋金剛孤軍千里深入我們的地盤，精兵勇將都在這裡。劉武周佔據太原，依靠宋金剛作為他後方的保護屏障。宋金剛部隊沒有積蓄，專以擄掠維持，他們速戰有利。我則閉營養銳，挫敗他的鋒氣，再派兵出擊他的心腹地帶，打擊干擾敵人。敵人糧食吃光、計謀用完，必然會自動退兵。我們應當等待敵人退兵的時機再出擊，現在不應速戰速決。」

自十一月至次年的四月，雙方對峙了幾達半年，宋金剛終於因為軍中沒有糧食，飢餓的士兵也鬥志全無，不得不退兵了。李世民則乘機發起猛烈攻擊，一晝夜急追兩百里，使宋金剛及其部隊沒有喘息之機。當有人勸李世民休息一下士兵，等大軍上來再追，李世民說：「宋金剛計窮而逃，人心離散。大功難以成就而容易失敗，時機難得到而易失掉。我們必須乘機戰勝他，如果我們停留不進，敵軍的戰略謀劃設計好了，就難以進攻他們了。」唐軍遂在雀鼠谷追上了宋金剛的部隊，在一天內連續發起了八次交鋒，唐軍八戰八勝，俘斬數萬人，繳獲的輜重有幾千車。宋金剛敗退到介州，李世民又進逼不捨。宋金剛還有精兵兩萬，他略做休整後，出城西門擺開了七里長的大陣，應戰唐軍。李世民等奮勇攻破其陣，宋金剛只帶領少數人馬逃走，尉遲恭則率領其餘的八千精兵投降。劉武周聽說宋金剛失敗，遂領五百輕騎投奔突厥。李世民收復了并州。

在柏壁戰鬥中，李世民針對敵方氣勢強盛、兵精將勇、有糧食卻不足的特點，沒有急於對宋金剛進行攻擊，而是拉開了持久戰。他先確立了自己立於戰勝的位置，等待敵人退卻時，再發起迅猛地打擊。孫子所謂的「先為不可勝，以待敵之可勝」的用兵法則，在李世民的戰爭生涯中多有體現。

善戰者勝於易勝

【名言】

古之所謂善戰者，勝於易勝者也。

——《形篇》

【要義】

孫子對於如何作戰而獲取勝利，向來是主張走最簡捷、最容易、既省時又省力的路徑。孫子提出了許多制勝的方法，這些方法既有鬥智的，也有鬥力的。「勝於易勝」是他總結前人戰爭經驗而得出用兵鬥力一個有效戰法。這句話的大意是：古代所謂善於戰鬥的人，是取勝於容易被戰勝的對手。一場戰爭的發生，雙方都有許多易於被對方攻擊的地方。那麼，如何戰勝對方呢？這就需要迅速判明對方最薄弱的環節，從對方的薄弱處發起攻擊，這是一條制勝的原則。俗話說：柿子挑軟的吃。其實，打擊敵人也要挑軟的。

【故事】

周天子東遷以後，在周東遷過程中出過大力的鄭國與王室的關係相當親密。但是，隨著時間的流逝，周王室與鄭國的關係卻出現了裂隙。後來，隨著這個裂隙的逐漸發展擴大，竟然導致雙方以交換人質來謀求暫時的和平相處，而且即使如此，也並沒有阻止住雙方關係的進一步惡化。惡化的結果是，雙方由交質變為交惡，雙方不得不兵戎相見，終於引發了一場使周天子地位大降的戰鬥。

周桓王十三年（前七〇七年），王朝奪取了鄭莊公在王室的全部權力。鄭莊公一怒之下，也不再去朝見天子。這年的秋天，周天子發動諸侯各國，組成由天子率領的聯合軍團，聲勢頗大地征討鄭國。鄭莊公則親自率領軍隊抵禦。

周天子親自帶領他的御林軍為中軍，卿士虢公林父率領由蔡國軍隊和衛國軍隊組成的右軍，周公黑肩則統率由陳國軍隊組成的左軍。三路大軍成品字形，中軍居前。

面對周天子親率大軍來征討，鄭公子子元建義鄭莊公也分設左方陣以抵擋蔡國和衛國的軍隊，設右方陣以抵擋陳國軍隊。他進而說：「陳國現在正處於內亂，它的軍隊也就沒有心思作戰；如果我們先衝擊陳國的軍隊，它一定首先混亂潰逃；周天子如果顧及已經潰敗的陳國軍隊，他的軍隊陣容也必定發生混亂。蔡國、衛國的軍隊在如此局勢下支持不住，也必然逃走。這樣，我們就可以集中全力攻擊天子的中軍，並一定能取得成功。」

鄭莊公聽從了子元的建議。遂以曼伯為右陣主將，祭仲足為左陣主將，原繁、高渠彌統率中軍拱衛自己，部署成魚麗之陣。這魚麗之陣前邊有五十人組成的偏，後邊有五人組成的伍，以靈活的伍去鎮補偏之間出現的縫隙，從而使陣不致出現大的漏洞。

雙方在繻葛（今河南長葛北）展開了大戰，鄭莊公對右、左方陣說：「大旗舞動以後，你們就擊鼓出兵攻擊。」雙方一經接觸，周軍的左右兩翼蔡國、衛國、陳國三國的軍隊果然一起潰逃，周天子的中軍也因此而一片混亂。鄭國的右、左方陣各自完成任務後，又與中軍會合，共同攻擊天子的中軍，周軍大敗。

在一片混亂中，鄭國的祝聃一箭射中了天子的肩膀，周天子受傷後繼續指揮軍隊退卻，聯軍失敗撤退了，鄭莊公也就命令軍隊不要追擊了。

祝聃則請求乘勝追擊，鄭莊公說：「君子不可以逼人太甚，何況這是天子，就更不能欺凌了。我們只是自衛，國家完好無損，就已經足夠了。」當天夜晚，鄭莊公派祭足到周軍中慰勞周天子，並慰問其左右的隨從。

周、鄭繻葛之戰，鄭國軍隊將攻擊點選擇在敵方兵力薄弱的兩翼，致使周軍的兩翼都發生了潰逃，鄭軍再集中兵力合攻天子的中軍，周軍遂全線崩潰，鄭軍從而取得了勝利。這一戰雖然發生在孫子以前，卻符合孫子所謂的「勝於易勝」的用兵法則。這說明，《孫子兵法》正是總結了前人的戰爭經驗。

立不敗之地而不失敵敗

【名言】

善戰者，立於不敗之地，而不失敵之敗也。

——《形篇》

【要義】

孫子在《形篇》中一再強調，戰爭中要保持主動權，積極作戰，善於抓住戰機。這句話的大意是：善於作戰的人，總是使自己立於不敗之地，而又不失去使敵人失敗的機會。反映了孫子有準備、力爭主動的積極作戰指導思想。戰爭中使自己一方立於不敗之地固然十分重要，這只是保證了己方不被敵方擊敗，但這還不夠，如何戰勝敵人，還需要指揮員將領夠敏捷地抓住敵人的機會，給敵人重擊，取得徹底的勝利。

【故事】

後梁開平四年（九一〇年），梁太祖朱全忠任命寧國節度使王景仁為統帥，韓勍（勍音：情）為副帥，李思安為先鋒，率領精兵七萬進至柏鄉，企圖消滅佔據鎮州（今河北正定）的趙王王鎔。出發前，朱全忠對王景仁等人說：「如今我把所有的精兵都交給你們了，鎮州即使是鐵鑄的，你們也要給我攻下來。」

面對來勢兇猛的敵人，王鎔知道自己的力量難以抵禦，遂急忙向晉王李存勖、燕王劉守光求援。劉守光為了保存實力，不願出兵，而李存勖則認為，趙被滅亡後，梁的兵力就會施加到自己的頭上，有被梁各個擊破的危險，因而他出動所有的軍隊開赴趙州（今河北趙縣），與趙軍聯合抵抗梁軍。

到了年底，李存勖帶領軍隊在距柏鄉三十里的地方駐紮下來，與王景仁的軍隊遙遙相對。晉王李存勖派大將周德威帶領一支騎兵到梁軍軍營前挑戰，梁軍卻不應戰。第二天，李存勖遂率領軍隊進至距柏鄉五里處紮營，再派出騎兵挑戰，謾罵激怒對方。梁軍副帥韓勍終於被激怒了，他率領步騎三萬分三路出擊。梁軍氣勢強盛，他們衣服華麗，鎧甲光彩奪目，晉軍見後，不禁大為氣餒。

周德威對李存勖說：「敵人只是想耀武揚威罷了，他們的意圖並不想與我戰鬥。不挫一挫敵人的銳氣，我軍的軍威就難以振作起來。」遂領精騎千餘分兩隊向梁軍的兩翼發起了迅猛攻擊，斬俘敵人百餘，又迅疾退回。梁軍不意晉軍的千餘人也會突然發起攻擊，所以即使敵人撤退，也不敢戀戰，遂收兵回營。

周德威回營後對李存勖說：「敵人人多勢眾，兵鋒正盛，我們應按兵不動，靜觀其變。」李存勖則說：「我們孤軍遠來，救他人的急難，和趙的聯合實在是烏合之眾，我們速戰整勝有利。」周德威又說明自己的理由：「我們所依賴的是騎兵，有利於在平原曠野上作戰，那樣可以任意地奔馳突擊。現在我軍靠近敵人的軍營，騎兵沒有施展的餘地。況且敵眾我寡，如果敵方知道了我們的實情，那麼情況就危險了。」李存勖見周德威繼續堅持他的意見，十分不悅。

周德威又對監軍張承業說：「大王以前曾經戰勝過敵人而傲慢輕敵，不自量力以求速戰。現在敵人近在咫尺，敵我之間只隔一條野水（今柏鄉境內的槐河）。敵人如果架橋來攻擊，我軍就有被全部殲滅的可能。我看不如退守高邑（今河北高邑，在柏鄉西北），派出騎兵前去誘敵出營，敵出我歸，敵歸我出。再派一支奇兵切斷敵人的糧道，搶奪敵人的糧草，用不了多久，就可以戰勝敵人了。」張承業同意這一計策，遂進營勸說李存勖，而李存勖也正在思考這個問題。正好有名梁軍士兵前來投降，李存勖問他梁軍的動向，這名降卒說：「梁軍正在造浮橋，準備渡河與晉軍決戰。」李存勖隨即打消了與敵速戰的想法，率軍退到高邑。

由於糧草供應不足，梁軍的戰馬無草可吃，梁軍只得以房屋上的茅草餵馬，許多戰馬都餓死了，致使梁軍的騎兵幾乎喪失了作戰能力。周德威率領三千騎兵到梁軍營前挑戰，這使王景仁等十分惱怒，遂全軍出營與晉軍作戰。周德威且戰且退，希望將敵人引至利於騎兵的開闊地帶，而梁軍在激憤情緒之下，果然追擊到了野水。李存勖帶領一支軍隊在野水岸邊，遂與梁軍展開了激烈戰鬥。

戰至午時，未分勝負。李存勖對周德威說：「兩軍已經交戰了，現在的態勢是不可分開的，我軍的存亡，在此一舉！我先出擊，你隨後跟上。」

周德威卻說：「看梁軍的架勢，我們可以以逸待勞，不能以力戰取勝。他們離開軍營才三十里，雖然人人都攜帶著乾糧，卻來不及吃，等日頭偏西以後，敵人內有飢渴之憂，外有刀兵相困，士卒們會很疲勞困倦，一定有退兵的想法。到那時，我再用精騎乘機出擊，一定大勝。現在還不可出擊。」李存勖遂按兵不動。

直至太陽落下時分，梁軍也未能擊敗晉軍的步兵，士兵們一天沒有吃飯，都失去了鬥志。王景仁率軍稍微後退，想離開晉軍遠些，等吃飯後再與晉軍決戰。

周德威在陣前看見梁軍陣腳有後退的跡象，遂大聲高呼：「梁軍逃跑了。」晉軍聞言，也都高聲大呼，奮勇向前，一直衝入敵陣，一時間殺聲震天。而失去鬥志的梁軍則驚慌萬分，遂致潰散，一敗而不可收拾。晉軍與趙軍奮力追殺，將敵人七萬精兵全部殲滅，王景仁等人僅在幾十個騎兵的掩護下逃脫了性命。

後梁與晉的這場柏鄉大戰，晉軍面對強大的梁軍，在周德威的謀劃下，先確立了自己不能被敵人擊敗的地位，疲勞敵人，激努敵人，並且選擇了有利於自己的騎兵作戰的平原開闊地帶，在與梁軍激戰一天後，又能抓住梁軍飢渴交困沒有鬥志而稍微後退的時機，發起猛烈攻擊，從而殲滅敵人，取得了勝利。孫子所謂的「善戰者，立於不敗之地，而不失敵之敗也」的提示，在此一戰中得到了充分的證明。

勝兵先勝，敗兵先戰

【名言】

勝兵先勝而後求戰，敗兵先戰而後求勝。

——《形篇》

【要義】

孫子對戰爭中的雙方有細微且精深的研究，他在《形篇》中對勝兵和敗兵的不同表現作了深刻的觀察。其大意是：能夠取勝的軍隊是先有勝利的把握然後才去與敵人交戰，必將失敗的軍隊是先盲目投入戰鬥企圖在作戰中求得僥倖的勝利。人在絕望中總是有一絲力求改變現狀的欲望，軍隊也是如此。明知難以擊敗敵人，也總是希望能與敵人作一生死決戰，企圖在戰鬥中能夠擊敗敵人。而且，能夠敗中求勝的軍隊又往往將決戰看作生死轉化的關鍵，因此，其將士人人奮勇向前，往往就能如願以償地擊敗敵人，從而做到死中求生、敗後求勝。

【故事】

在三國時期，諸葛亮輔佐劉備，建立了蜀國。東聯吳，北伐魏，可以說是諸葛亮在早年的《隆中對》中就已經制定下來的恢復漢室的宏大計劃。劉備去世後，諸葛亮主持了蜀國的大政，北伐曹魏的計劃就可以按部就班地實施了。

從後主劉禪建興五年（二二七年）到十二年（二三四年），諸葛亮多次興兵伐魏，每次不是由於失誤，就是由於道遠糧盡無功而返。曹魏佔據廣大的中原及北方地區，勢力雄厚，人才濟濟，資源豐富，蜀國僅僅佔有西南一隅，地小民寡，勢力自然不及魏國了。因此，蜀的北伐也似乎注定不能成功。建興十二年春，諸葛亮率領十萬大軍出兵斜谷（今秦嶺上的一條山谷），進行他生命中的最後一次伐魏軍事行動。蜀軍駐紮在渭水的南原，用諸葛亮發明的木牛流馬運輸糧食。

曹魏則派司馬懿統領大軍前去抵禦，征蜀護軍秦朗率領步騎兩萬，也歸司馬懿指揮。魏軍的各位將領都希望在渭水以北駐軍，應對蜀軍。司馬懿說：「百姓和積蓄都在渭水的南邊，那是兵家必爭的戰略要地。」魏軍遂渡過渭水，背水為陣，依靠當地的豐富資源與蜀軍進行持久戰。司馬懿對諸位將軍說：「諸葛亮如果是英勇果斷之人，他應當出兵武功

（今陝西武功），順山勢向東進軍。如果他西上五丈原（今陝西岐山南斜谷口西側），那麼我們各軍就沒有什麼事了。」

魏軍的到來，果然迫使諸葛亮駐屯於五丈原。五丈原地域狹小，當地的資源遠遠不能滿足大軍的需要。諸葛亮企圖繼續北上的計劃，也因魏軍在陽遂有了佈防而不得實現。

蜀軍前幾次北伐都不得不退兵，其主要原因是糧食不足，這幾乎成了諸葛亮的心病。這一次，諸葛亮雖然使用了流馬運輸軍糧，但運輸來的糧食畢竟還是不能滿足十萬大軍的消耗。於是，諸葛亮便採取新辦法，認為既然不能前進，就讓士兵屯田，作為永久性的軍事基地，以與魏軍對抗下去。但是，蜀軍的目的不是要建立幾個軍事據點，而是擊敗魏軍，進而消滅魏國，恢復漢室。如何先擊敗眼前的敵人，就成了諸葛亮的當務之急。不得已，他只好多次派出軍隊向司馬懿挑戰。

魏這一方面也十分清楚諸葛亮的目的，知道他遠道而來，利在速戰，也命令軍隊對蜀軍的挑戰不予理會。諸葛亮由於數次挑戰而司馬懿不應戰，遂送給司馬懿一些婦女用的飾品，侮辱他說：「你司馬懿如同婦人一樣，還是快快用這些物品吧。」

司馬懿心中大怒，上表朝廷請求與蜀軍決戰。魏明帝不答應，又派骨鯁大臣辛毗拿著杖節，作為特派使者以節制司馬懿。後來，蜀軍再來挑戰，司馬懿想帶領軍隊應戰，辛毗就拿著仗節站立在軍營的大門前，司馬懿也就不敢再出擊了。

在早些時候，蜀將姜維聽說辛毗來到軍中，對諸葛亮說：「辛毗杖節來到軍中，敵人再也不會出動了。」諸葛亮看得更清楚：「司馬懿本來就沒有與我作戰的決心，他之所以請求決戰，是向他的部將們表示自己的勇武。大將身處軍中，國君的命令可以不接受。他如果有把握能夠制勝，哪裡會向千里之遠的朝廷請戰呢？」

雙方相持了一百多天，諸葛亮由於積勞成疾，最後病逝於軍中，終年五十四歲，蜀軍不得不自動撤退。

起初，蜀軍的使者曾經來到魏軍中，司馬懿就問：「諸葛先生每天的起居如何安排的，每天吃多少飯？」使者說：「諸葛先生每天吃三、四升米。」司馬懿又問到政事，使者說：「凡是處罰二十軍棍以上的諸葛先生都親自處理。」司馬懿聽後說：「諸葛孔明事無鉅細，太操勞了，他恐怕不能活得長久了。」事實也正如他所料。

諸葛亮出兵伐魏，自知面對的是強大的敵人，也知道很難取得決定性的勝利，更清楚魏軍多數情況下並不急於與蜀軍交戰。因此，蜀軍就多次挑戰，企圖激怒對方，以求在交戰中取得勝利。而司馬懿多次與諸葛亮交兵，也十分明白諸葛亮先戰而後求勝的心理，因此對蜀軍的挑戰避而不應，使蜀軍久困戰地，師老白退。

兵之所加，如以碫投卵

【名言】

兵之所加，如以碫投卵者，虛實是也。

——《勢篇》

【要義】

孫子對於戰爭中所造成的態勢極為重視，他不僅提倡利用有利於自己的態勢，而且善於製造有利的態勢，在《勢篇》中他就提出了以實擊虛如同以石擊卵的用兵原則。其大意是：軍隊進攻所向，如同用石頭碰雞蛋一樣，是靠「虛實」運用得適宜。碫，意為石塊。以石擊卵，其結果是不言自明的。用兵同樣如此，應以實擊虛，避開敵人的重兵、精兵之外，專門打擊敵人空虛的地方，這樣才能夠取得勝利。

【故事】

隋朝末年，留守長安的代王楊侑為了防備李淵，派宋老生領精兵兩萬駐屯於霍邑（今山西霍縣），又派左武候車騎將軍屈突通領精兵五萬駐守河東（今山西永濟）。

大業十三年（六一七年）八月，李淵從太原起兵後殲滅了駐屯在霍邑的宋老生，兵臨河東。河東西靠黃河，是山西、陝西的交通咽喉重地，進入長安的要道，自然是歷代兵家的必爭之地。因此，一場大戰即將在李淵和屈突通之間展開。

當時，剛剛投靠於李淵的薛大鼎獻計說：「屈突通固守河東的孤城，我們的大軍不必使用攻堅戰攻克他，我軍可由龍門（今山西河津）渡過黃河，進軍佔據永豐倉（今陝西華陰，是隋設立的一個大糧倉），向遠近各地發出征討檄文，關中就將坐而可取了。」

這一避實擊虛的計策，李淵十分同意，因為佔據了糧倉，就有繼續圖謀天下的根本。但是，他的眾多部將卻求戰心切，希望乘勝繼續掃平河東。李淵對河東未平，也有顧慮，若能消滅屈突通，解除自已的後顧之憂，未必不可取。李淵見眾將如此，也就同意了眾將的請求，遂帶兵包圍了河東。

李淵帶領南下的軍隊只有三萬，而屈突通卻有五萬精兵，並且做好了守城的準備。不利於李淵的還有，屈突通不僅兵多糧足，而且城高牆厚。李淵如果強攻，短時間內顯然難以取勝。薛大鼎的計策再次浮現出來，李淵遂召集眾將商議這一計劃的可行性。

長史裴寂主張堅決消滅屈突通，他認為：屈突通率重兵守河東孤城，我們如果避之而去，他會乘機襲我背後，長安的守將如果再迎戰於前，我軍就有腹背受敵夾擊的危險。不如先消滅屈突通，況且長安就是依靠屈突通為援，屈突通一旦失敗，長安自然也就攻破。

李世民不同意這種死拚的攻堅戰，他說：「不是這樣的。用兵貴在神速，我軍依靠多

次勝利累積起的威勢，安撫歸順來的士兵，堂堂正正地鼓行西進，長安的人一定會聞風震驚恐懼，在這種形勢下，智者來不及謀劃，勇者來不及決斷如何防守的策略，我軍攻取長安就如同震下枯葉一樣容易。我軍假若在堅城之下停留，師老兵疲，長安的守軍就會完善他們的計謀，修築城防以等待我軍。我們在這裡頓兵堅城之下，兵威受沮，人心離散，成功的大事就會離我而去。何況關中蜂起的各位將領都沒有歸屬，不可不早日去招降他們。屈突通是只知固守的人，不值得我們顧慮。」

李淵留下一支部隊監視屈突通，他率領大軍於九月十二日渡過黃河，直指長安。李淵派李建成與劉文靜攻佔永豐倉，收降守軍五千多，劉文靜帶領部分軍隊防備屈突通西進；又分兵一部在李世民的率領下向渭水以北進軍，與李建成所部形成對長安的合擊之勢。

沿途，各郡縣的守將紛紛投降歸附，關中的名士如于志寧、顏師古、長孫無忌等也都歸順了李淵。本來就居住在關中的李淵之女平陽昭公主和李淵的從弟李神通也分散家財，舉兵響應李

淵，至於歸附李淵的民眾就多不勝數了。等李淵率軍到達長安城下時，他的人馬已經有二十萬之眾。

屈突通得知李淵率大軍逼近長安後，馬上出兵救援，但卻被劉文靜所部阻擋。由於不知劉文靜部的兵力，屈突通也不敢貿然西進，竟率領數萬精兵佔據潼關以與劉部的數千人對峙。

李淵的大軍包圍長安後，命令守城的隋將投降，在守將拒絕後，遂進兵攻克長安。屈突通的部眾此時仍然固守在潼關，等他們得知長安的大勢已去後，許多兵將紛紛離散而去，屈突通遂陷入了進退無據的境地，最後力屈勢窮，為劉文靜所擒。李淵攻佔長安，為他奪取天下奠定了基礎。

李淵攻佔長安一戰，避開沿途的隋朝重兵，徑直渡過黃河，揮軍直指長安。他借助社會混亂的時機，一路收兵買馬，由三萬人的軍隊迅速擴張到二十餘萬，又由於長安兵力薄弱，遂一舉攻克長安。最後屈突通的精兵竟然無用武之地，人心離散，只好歸降了李淵。這一戰充分體現了孫子所謂的「兵之所加，如以碫投卵者，虛實是也」的避實擊虛的用兵原則。

奇正之變

【名言】

凡戰者，以正合，以奇勝。善出奇者，無窮如天地，不竭如江河。……戰勢不過奇正，奇正之變，不可勝窮也。奇正相生，如環之無端，孰能窮之？

——《勢篇》

【要義】

大凡用兵作戰，是以「正」兵接戰，以「奇」兵取勝。善於用「奇」兵出擊的將帥，他的戰法變化就像天地那樣運行無窮，像江河那樣奔流不竭。……作戰態勢的變化不過是「奇」和「正」，但是「奇」和「正」的變化，卻不能窮盡。「奇」和「正」相互轉化，如同圓環一樣既沒有起點也沒有終點，有誰能窮盡它呢？作為兵家的軍事術語，「正」一般指戰鬥中與敵正面接觸的主攻部隊，「奇」則指預先準備作側翼接應或發動突襲的機動部隊。春秋末年大約與孫子同時的老子也說：「以正治國，以奇用兵。」

【故事】

隋煬帝大業十一年（六一五年）八月，隋煬帝巡遊北部邊塞，突厥的始畢可汗率領騎兵數十萬，想乘機偷襲煬帝，遠嫁至突厥的義成公主將這一情況派人告訴了隋煬帝，煬帝急忙率領隨從人員來到了雁門（今山西代縣），突厥的人馬也隨即包圍了上來。隋軍與突厥的軍隊交戰幾次，隋軍都失敗了，隋煬帝只好被困在城中。隋煬帝發出詔令，號召天下各郡招募兵馬，前來赴難救援。各地援救軍隊的到來，迫使突厥軍隊撤退了。

時任山西、河東慰撫大使的李淵和馬邑（今山西朔縣）太守王仁恭奉命防備並阻擊突厥。他們與突厥的一支軍隊在馬邑相遇，由於隋軍人少，初一接戰，隋軍失利。王仁恭就認為眾寡不敵，心中十分害怕。李淵卻說：「現在皇上出遊在外，身處孤城而沒有援助。我們假若不拚死作戰，就難以圖謀萬全了。」

於是，他親自挑選出精兵四千騎，並親自率領這支精兵作為遊軍，居處飲食，隨逐水草，和突厥人的生活習俗完全一樣。在遇到突厥的偵察騎兵時，李淵就與他的軍隊奔馳遊獵，做出一副輕視突厥的樣子。如果遇到突厥的大部隊時，則使軍隊犄角佈陣，並選出擅長射箭的士兵出來組成一支專門的軍隊，拉開弓箭嚴陣以待。這使突厥人不能測知他的意圖，也不敢與他們決戰。就在突厥軍隊猶豫不決的時候，李淵又派出一支奇兵發動突襲，打了敵人一個措手不及，隋軍乘勝全部出擊追殺敵人，結果俘獲了敵方首領的駿馬，殺死敵人一千多。

李淵打擊突厥入侵一戰，他不僅計謀出奇，使自己的軍隊生活完全與敵人一樣，以適應遊牧民族軍隊的習性，而且使用奇兵出奇制勝。因為他僅有精兵四千，勢力與敵相比要弱小許多，正面與敵交戰恐怕勝算不多，所以他遇到敵人時，使用由弓箭手組成的特別軍使敵人不敢進攻，然後用奇兵襲擊敵人，從而獲得了勝利。

其實，在戰爭中，使用奇兵制勝更為典型的是李世民，他每戰總是選出精銳騎兵數千人作為奇兵，都穿黑衣玄甲，分為左右兩對，騎兵將軍秦叔寶、程咬金等分別統領騎兵。每次決戰的時候，李世民都親自披掛上陣，率領他的騎兵，伺機出動，所向披靡。

以利動之，以卒待之

【名言】

善動敵者，……予之，敵必取之；以利動之，以卒待之。

——《勢篇》

【要義】

孫子在其兵法中一直強調主動性的問題。這句話的大意是：善於調動敵人的將帥，……給予敵人好處，敵人一定來奪取；以小利去調動敵人，用重兵去守候敵人。在戰爭中，一位聰明的將領應善於調動敵人，給予敵人小小的好處，使敵人不知不覺中陷入我的計謀中，並按照我的意圖行動，然後伺機打擊敵人。以小利益的犧牲去換取更大利益的勝利，是古今兵家經常使用的用兵方法。

【故事】

東漢末年，天下大亂，各地軍閥紛紛割據混戰。關中的各位將領如馬騰（即馬超之父）、韓遂等各擁兵爭強。曹操派鍾繇鎮守關中，節制各路兵馬。獻帝建安十六年（二一一年），曹操對中原地區已經有了絕對的優勢，準備對漢中的張魯用兵。此年三月，曹操派鍾繇討伐張魯，又派夏侯淵等從河東進發，與鍾繇會合。

當時，關中諸將馬超、韓遂、楊秋、李堪、成宜等見鍾繇開始發兵，懷疑他要襲擊自己，就發動叛亂，控制了關中。曹操任命曹仁領兵征伐，馬超等人率領軍隊東進屯駐在潼關，阻擋曹軍。曹操得知部隊受阻，就命令各位將領說：「關西的兵卒十分強悍，你們應堅壁固守，不要與他們交戰。」曹仁的部隊就與馬超對峙在潼關。

這年七月，曹操親自率領大軍前去討伐，來到潼關與馬超夾關對峙。對峙不是曹操的目的，他想徹底消滅馬超等人，平定關中。如何先將兵馬渡過黃河去，就成了曹操面臨的第一要務。

曹操問計於徐晃，徐晃說：「您在這裡擺出強大的兵勢，敵人卻不派兵駐守蒲阪，這就知道敵人是有勇無謀。現在請您給我一支精兵，我從蒲坂津渡過河去，作為先遣部隊，從裡面截擊敵人，敵人就能被我們擒獲了。」曹操對此深以為是。於是，曹操每天向馬超挑戰，卻暗中派徐晃、朱靈等帶領步騎精兵四千在夜裡從蒲坂津（黃河古渡口，為歷代兵家必爭之地，今山西永濟西蒲州）渡過黃河，在黃河西岸安營紮寨。

有了這支奇兵後，曹操隨即率領部隊從潼關以北渡河，就在曹操還沒有上船渡河的時候，馬超率領軍隊趕過來阻擊。曹軍匆忙應戰，因無心理準備，一時間手忙腳亂，難以抵擋。就在緊急關頭，渭南縣令丁斐忙趕出許多牛馬用以誘惑馬超的軍隊。結果，馬超的軍隊看見大批的牛馬後，自亂軍陣，紛紛搶奪牛馬，曹軍則乘機渡過了黃河。

曹操過河後，命令部隊沿河修築甬道慢慢地向南推進。馬超等人見曹軍已經過河，並且修築了工事，就發動了幾次攻擊，見曹軍並不應戰，自知難以取勝，便後退到渭水河口，組織防禦。

曹操用兵向來足智多謀，他佈下許多疑兵迷惑敵方，同時暗中派兵用船進入渭水，架設浮橋，並在夜裡派一支部隊渡過河去，在渭水的南岸紮營。曹操的攻勢可以說是咄咄逼人。馬超見曹軍兵力分散在渭水兩岸，認為有機可乘，在第二天夜裡就偷襲渭水南岸的曹軍。而曹操已經預料到馬超會來偷襲，就在軍營附近佈下許多伏兵，專等馬超的襲擊。結果馬超偷襲時被曹操打得大敗。曹操最終使用離間計破壞馬超等人之間的關係，使關中各將領間出現了衝突，然後將其一一擊破，平定了關中。

曹操在平定關中的過程中，渡河時受到馬超的襲擊，形勢危急，丁斐趕出牛馬，結果西涼兵看到牛馬後忘記了生死相關的戰鬥，紛紛搶奪牛馬，使曹操乘機渡過了河。當曹操繼續向前推進，兵力分散在渭水南北兩岸，馬超遂認為有利可乘，曹操也預料到敵人會在夜裡偷襲，遂將計就計，佈設伏兵，擊敗了前來偷襲的敵人。

善戰者求之於勢

【名言】

善戰者，求之於勢，不責於人，故能擇人而任勢。任勢者，其戰人也，如轉木石。木石之性，安則靜，危則動，方則止，圓則行。故善戰人之勢，如轉圓石於千仞之山者，勢也。

——《勢篇》

【要義】

這句話的大意是：善於作戰的人，只依靠造成的有利態勢，而不苛求將官們的責任，所以能選擇將領而依靠於勢。依賴於勢的人，指揮士兵作戰，如同轉動滾木圓石一樣。木頭石塊的特性是，平放就靜止，傾斜就滾動，方形的就停止，圓形的就前進。所以善於指揮作戰的人所造成的勢，如同從千仞高山上向下滾動圓石一樣，這就是所謂的「勢」啊！

利用態勢，奪取勝利，是孫子軍事思想體系的一個重要組成部分。形勢比人強，尤其是在戰爭時，有利的態勢往往能決定戰爭的勝負，因此孫子極力提倡應創造有利於自己一方的態勢。

【故事】

東漢末年，曹操和孫權對江淮地區展開了激烈的爭奪。漢獻帝建安十九年（二一四年）七月，曹操率領十萬大軍南征孫權，但並沒有得到多少便宜，十月從合肥返回。他留下將軍張遼、樂進、李典帶領七千多兵馬屯守合肥。

建安二十年（二一五年），曹操率領軍隊征伐漢中的張魯，他已經估計到，在他出兵定漢中的時候，孫權會乘機奪取江淮。因此，在出兵前，曹操交給駐守在合肥的護軍薛悌一封密函，信封上寫著：「賊至乃發。」意思是，孫權帶兵來攻擊就打開此信。果不其然，在曹操出兵後不久，孫權乘機出兵十萬包圍了合肥。一場大戰迫在眉睫。

孫權帶領大將呂蒙、蔣欽、凌統、甘寧等，兵多將廣，聲勢浩大，向合肥圍攏過來。屯守在合肥的三位將軍和護軍面臨來勢洶洶的敵人，自知寡不敵眾。那麼，如何能守住合肥？他們想起了曹操的密函，就一起開啟密函。

信中說：「如果孫權前來侵犯，張將軍、李將軍帶領士兵出城迎敵作戰；樂將軍守城，護軍不得參與戰鬥。」各位將領對此信的計策都有所疑惑，拿不定主意。而且，當時三位將軍相互之間不和睦，張遼恐怕他們不聽從命令，遂激奮地說：「曹公出兵遠征在漢中，等待他的救兵來到這裡，敵人一定早就攻破我們了。曹公信中這是在指示我們：在敵人還沒有將我們完全包圍起來的時候，應主動出擊迎戰，殺他個下馬威，挫挫敵人的盛勢銳氣，以此來安撫我軍士兵守城的決心，然後合肥才可以固守。我們是成功還是失敗，就在此一戰，各位將軍還有什麼好懷疑的？」

李典也憤然地說：「這是國家大事，

就看您的計策怎樣安排了，我難道會因私人的恩怨而忘掉公事嗎？」於是，在大敵之前，曹操的幾位主要將領空前團結，堅定了一致抗敵決心。

當天夜裡，張遼招募能勇敢隨他殺敵的士兵，總共招募到八百人，組成敢死隊，殺死數十頭牛犒賞他們，準備明天大戰一場。

第二天一早，張遼穿上鎧甲，拿著長戟，率領勇士們衝入吳軍陣中。他自己殺死了幾十個敵人，並斬殺了敵方的兩位將官。張遼高呼著自己的名字，一直往前衝，幾乎衝到了孫權的面前。孫權大驚，吳軍眾將在曹兵的猛擊下都嚇傻了，不知如何應敵，就紛紛退到附近的高地上，用長戟自守。

張遼高聲叫陣，要孫權下來決戰，孫權卻不敢應戰。吳軍見張遼所帶領的士兵並不多，就紛紛向前將他們包圍起來。張遼勇氣倍增，左衝右殺，向前猛烈砍殺，衝開了吳軍的包圍，與跟在自己身邊的將士幾十人一起衝了出來。

在吳軍的包圍中還有許多曹兵，他們對張遼高呼：「將軍難道要拋棄我們嗎？」張遼又奮起神威，再次衝入吳軍的包圍中，救出了被圍的將士。張遼所到的地方，吳軍不是倒下就是後退，所向披靡，沒有人敢抵擋他。

激戰從早晨一直持續到中午，吳軍在曹兵的兇猛打擊面前膽戰心驚，不由得氣餒。曹兵見第一仗就取得了勝利，將軍張遼又英勇了得，也不再為人少擔憂。而諸位將軍也對張遼大加讚賞，十分佩服。

孫權攻了十幾天，最終也沒有將合肥攻克，後來聽說曹操率領大軍前來救援，就退兵了。張遼又乘機率領兵馬追擊，在逍遙津北襲擊了吳軍，打得吳軍落花流水，孫權在凌統、甘寧等大將的拚死保護下才得以逃脫。

後人孫盛對此戰評論說：防守合肥之戰，曹兵孤立無援，如果曹操專任勇敢的人防守，他就會喜好作戰而有失敗的憂患；如果專任能守的人防守，他就會心生膽怯而難以守住。況且眾寡不敵，人多勢眾的一方就自然有貪惰之心，用有必死之心的軍隊攻擊有貪惰之心的軍隊，其勢一定能取勝，勝利後再嚴加防守，防守也就穩固了。所以曹操精選將軍，使他們之間相互配合，又給他們密函，部署各自的任務。戰事來了，情況恰如所料。曹操在此派兵用將，正體現了孫子「擇人而任勢」的精神，從而取得了合肥保衛戰的勝利。

善戰者致人而不致於人

【名言】

凡先處戰地而待敵者逸，後處戰地而趨戰者勞。故善戰者，致人而不致於人。

——《虛實篇》

【要義】

這句話的大意是：一般先到達會戰地點等待敵人的軍隊就安逸，後到達會戰地點倉促應戰的軍隊就疲勞。所以善於作戰的人，總是使敵人前來就我而不是自己前往就敵。孫子對戰爭的地點，或是說對戰場的地形頗有研究與關注，孟子也曾經說過：戰爭有天時、地利、人和三方面的要素。地利條件對戰爭的影響由此可見一斑。戰爭地點對於戰爭雙方有不同的意義，早到會戰地點的一方，不僅準備充分，而且熟悉地形，使地利的各種因素充分為他所有。反之，匆忙趕到會戰地點的一方，則以疲勞之師投入戰鬥，既準備不足，更重要的是不熟悉地形，不能利用地利的因素，其後果往往就是失敗。孫子基於此提出了「致人而不致於人」的用兵原則，就充分體現了他對戰爭要保持主動性的一貫精神。這個原則，為歷代兵家所重視，產生了許多精彩的典型戰例。時至現代，它依然具有重要的指導意義。

【故事】

北朝時，北齊孝昭帝皇建二年（五六一年）十一月，孝昭帝因為馬驚墜地受傷而死。高湛即位，是為武成帝，改元大寧。這年的十二月，周武帝乘北齊新舊皇帝交替、局勢不穩之際，派兵與羌夷和突厥人聯合進攻北齊的晉陽（今山西太原）。

北齊的高湛從鄴都（今河北臨漳西南鄴鎮一帶）出兵，倍道兼行，率領軍隊急忙前去救援。突厥人組成的軍隊從北向南推進，其軍陣東起汾河，西至風谷，氣勢浩大。當時，由於周人起兵突然，北齊方面沒有做好戰爭的準備，因此兵馬不足。北齊人匆忙來到前線，倉促間也沒有佈起陣來應對面前的敵人。

高湛見到如此情形，就有了暫時先避開敵人的鋒芒而向東撤退的想法。河間王高孝琬卻在馬前叩諫：請您委派趙郡王高叡統領士兵，士兵一定會齊整，從而使我軍能佈起軍陣來。高湛聽從了他的建議，遂命令趙郡王督促各位將領。北齊軍也在趙郡王的部署下，漸漸地齊整了。

當時，正值隆冬季節，天剛剛降過大雪，地上有厚厚的積雪。在這銀裝素裹、冰冷酷寒的景象中，即將有一場大戰爆發，從而製造出血紅雪白的瑰麗而又血腥殘酷的場面。周人的軍隊以步兵為前鋒，從西邊的山上衝了下來，來到了距離晉陽二里地的地方。

齊軍見敵人逼近，諸位將領的戰鬥情緒也被激發了起來，紛紛要求迎上去與敵交戰。大司馬段韶卻說：「步兵的氣勢自然有限，現在地上的積雪很厚，我們前去迎戰，對我軍不利，不如我們嚴陣以待，等待敵人過來。這樣敵人疲勞而我軍安逸，打敗他們是一定有把握的事。」待齊軍的情緒安定了下來，遂列陣等待周軍的到來。周軍隨即衝了過來，激烈的廝殺之後，周軍的前鋒部隊幾乎被消滅殆盡，沒有活著回去的，其後續部隊見狀也紛紛敗退，連夜逃命不止。段韶又馬上率領騎兵對敵人展開追擊，一直將敵人追出塞外，直到追趕不上才回來。

東漢光武帝建武五年（二九年），光武帝命令耿弇率領騎都尉劉歆、太山太守陳俊討伐割據齊地的張步。張步得知耿弇要來進攻，就做了一連串的軍事防禦準備。他派大將軍費邑領重兵屯駐在歷下（今山東濟南），又派一支軍隊駐紮在祝阿（今濟南西），同時在太山、鍾城一帶（今濟南南）也部署了數十個軍營的兵力，等待耿弇前來進攻。耿弇渡過黃河後先攻打祝阿，從早晨攻城，還沒有到中午就攻克了，耿弇故意放開祝阿的一角，使城中的人能夠逃奔出去，以便他們能逃到鍾城。鍾城的人見祝阿半日就被攻克，人人大為恐懼，也紛紛棄城逃命，使鍾城一下子成了一座空城。耿弇不戰而取得了鍾城這一要塞。

駐守歷下的費邑得知前方失利後，派他的弟弟費敢率兵把守巨里（今山東濟南東、章丘西）。耿弇繼續率領漢軍向前進攻，他下一步的目標是先威脅巨里，製造聲勢，命令士兵多砍伐樹木，揚言用木材填充巨里的壕溝。過了幾天後，費邑軍中有人過來投降，並說費邑聽說耿弇要進攻巨里，他正在謀劃救援巨里。耿弇更是嚴命軍中加快修建攻城的工具，告訴各部隊，三天後要全力攻克巨里城。

暗中，耿弇卻命令看守人員放鬆對那名降卒的看守，使他有機會逃出軍營。費邑的降卒逃跑回去後，就將耿弇進攻巨里的日期告訴了費邑，費邑果然在那一天親自率領三萬多精兵前來救援巨里。耿弇見敵人受騙，大為高興，對諸位將軍說：「我之所以大修攻城的用具，目的就是引誘費邑自動前來救援。現在敵人來了，正是我所希望的。」他立即分派三千人包圍巨里，自己則帶領精兵上了一處高崗。

費邑的軍隊過來後，耿弇帶領軍隊衝下高崗，與敵人激戰，將敵人打得大敗，並在混戰中斬殺了費邑。隨後耿弇將費邑的首級給防守巨里的人看，城中人心大懼，費敢遂帶領軍隊急忙到張步那裡去了。耿弇乘機派兵進攻其他沒有降服的敵人，接連平滅了敵人的四十個軍營，一舉平定了濟南郡。

其後，耿弇攻克臨淄，使駐守在距臨淄四十里西安的張藍心怯，棄城逃走。當時，張步都城為劇（今山東昌樂西），耿弇在軍中下令，暫時不攻取劇，只等張步前來就攻取劇，以此激怒張步。張步果然中計，他以為耿弇兵少且遠道而來，一路的廝殺已使漢軍成為疲憊之師，實在是不足為懼。張步與其三個弟弟張藍、張弘、張壽及重異等人合併兵力，號稱有二十萬大軍，進軍來到臨淄大城的東面。經過兩天激烈而殘酷的廝殺，張步大敗，以至於八、九十里以內屍橫遍野，張步率領殘兵逃回了劇。隨後，又經過幾次戰鬥，耿弇最終使張步勢盡力窮而投降，徹底平定了齊地。

以上兩個故事，北齊列陣等待敵人前來的戰例，說明了「先處戰地而待敵者逸，後處戰地而趨戰者勞」兩種不同情況所導致的迥然不同的戰鬥後果；耿弇對張步之戰，運用「致人而不致於人」的原則，竟然接連兩次成功地調動敵人，使張步的軍隊兩次前來趨戰，最終將其徹底擊敗。

行無人之地千里不勞

【名言】

行千里而不勞者，行於無人之地也。

——《虛實篇》

【要義】

這句話的大意是：千里行軍而不覺疲勞，是由於進行在沒有敵人的地方。孫子兵法用兵的特點之一是出其不意。如何使自己的軍隊安全、神不知鬼不覺地到達敵方的要害處，孫子要求行軍路線應選擇敵人疏於防守或鬆懈無備的路線，這樣的行軍才能從容行止，避免遭受敵人的襲擊。尤其是在古代交通困難的情況下，千里奔襲，路途中所遇到的困難自然很多，但沒有了敵人的偷襲，行軍就只有自然所造成的困難了，與人為的困難相比就容易一些了。

這樣，既能隱蔽我軍的行動計劃，使軍隊秘密地接近敵人，又能達到避實擊虛、出其不意地襲擊敵人的用兵目的。這一行軍原則，一直為歷代兵家所看重，許多漂亮的遠程襲擊戰，多是按照這一原則組織實施的。

【故事】

東漢末年，曹操經過官渡大戰擊敗袁紹後，袁紹氣憤而死，他的兩個兒子袁譚與袁尚逃奔到河北一帶。袁譚與袁尚鬧不和，互相廝殺，曹操就各個擊破，首先消滅了袁譚，袁尚、袁熙則帶領殘部投奔了東胡一支的烏桓。

在遼西的烏桓，乘中原大亂之際，攻破幽州，勢力南下。但曹操消滅袁氏勢力，統一中原後，逼迫烏桓逃出了塞外。烏桓單于蹋頓的勢力依然很強盛，再加上袁氏兄弟的加盟，

時常入塞騷擾中原，使曹操的後方缺少安全感，不能全力應對南方的孫權、劉表、劉備等各方割據勢力。這促使曹操下定決心出兵烏桓，以確保後院的安全。

漢獻帝建安十二年（二〇七年），曹操決心率領軍隊出征烏桓。在出兵前，各位將軍都勸阻說：「袁尚只不過是一個逃亡奔命的傢伙，烏桓夷狄本性貪婪而不親睦，他們怎麼能夠被袁尚利用呢？現在出兵深入北方征討烏桓，劉備必定遊說劉表襲擊許都。萬一事情有所變化，就後悔莫及了。」

曹操的謀士郭嘉卻堅決主張出兵，並進而分析說：「曹公您雖然威震天下，胡人卻依賴他們住的地方與我們很遠，一定不會有所防備。乘胡人沒有防備，對他們發起突襲，就可擊敗消滅他們。況且袁紹對北方的人民和胡人有恩惠，而袁尚兄弟還活在世上，這不能不說是心腹大患。現在北方青、冀、幽、并四州

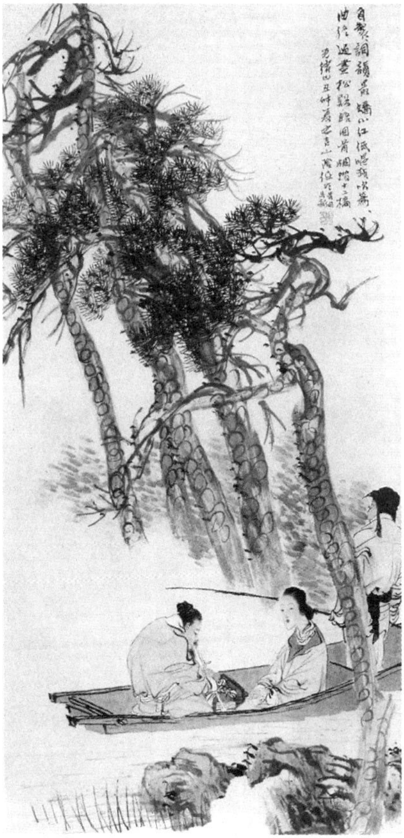

的人，只是由於您的威勢才依附於您，您對四州民眾的德惠還沒有施加到他們身上。如果您捨棄北方不顧而征討南方的敵人，袁尚憑藉烏桓人的幫助，再召集那些對他賣死命的人，胡人一旦有所行動，各地民眾都會聞風響應，以此使蹋頓生出貪婪之心，促成胡人圖謀我北方的計策，到那時恐怕青、冀兩州就不屬於您所有了。劉表只是一個可以坐著空談的人，他知道自己的才能不足以防備劉備。如重任劉備，他就害怕重任後不能制約劉備；輕任劉備，劉備也就不為他所用。雖然您將重兵都用在了遠征胡人方面，劉表也不會襲擊您的，您不必為此擔憂。」

曹操聽從了郭嘉的建議，遂進兵至易（今河北易縣）。郭嘉又建議：「兵貴神速，現在我軍奔越千里去襲擊敵人，輜重太多，對我行軍不利，一旦使敵人得知情況，必定有所防備，不如留下輜重，輕兵兼道迅速出擊，乘其意想不到。」於是在五月，曹軍進至無終（今天津薊縣）。

當時正值夏季多雨季節，沿海的道路由於大水不能通行。田疇為嚮導，帶領曹軍出盧龍塞（今河北喜峰口），塞外沒有道路可通行，遂開闢山路五百多里，來到鮮卑庭，大軍東指柳城（今遼寧朝陽南）。在距柳城還有二百里的地方，烏桓人知道了曹軍的消息，袁尚、袁熙和烏桓首領蹋頓、遼西單于樓班等率領數萬騎兵前來迎戰。經白狼山一戰，曹軍擊敗敵人，斬殺了蹋頓等人，降服胡人、漢人二十多萬，袁氏兄弟及遼東單于速僕丸投奔了遼東太守公孫康，後為公孫康所殺。經此一戰，曹操徹底解除了後顧之憂，烏桓勢力一蹶不振。

梁元帝承聖元年（五五二年），其弟梁武陵王蕭紀在蜀稱帝後，以討侯景之亂為由，率軍東下，對剛即帝位不久的梁元帝發起了強大的軍事進攻。梁元帝對此極為恐懼，便修書西魏請求救援，同時請求西魏出兵伐蜀。

西魏對蜀也早有奪取之心，接到梁的求援信後。太師宇文泰（即後來的周文帝）說：「蜀地可以圖謀了，奪取蜀地，制服梁朝，在此一

舉。」隨即召集群臣商議奪取蜀的事宜。諸位將領對此多持否定態度，唯獨大將軍尉遲迥認為，蕭紀既然率領全部的精兵東下對付梁朝，蜀地內部兵力必定空虛，西魏的王師前去征伐，也必定是僅僅有征伐之名而不會有激烈的戰鬥，奪取蜀是很容易的事。宇文泰十分同意，就進一步詢問尉遲迥：「討伐蜀的事宜，就由你來全權負責了，你的用兵計劃是如何考慮的？」

尉遲迥回答：「蜀和中國隔絕關係已經有一百來年了，它所依賴的是入蜀的山川道路險阻，不會考慮到我方大軍會突然進入。我軍用兵應該以精兵銳騎，晝夜不停地奔襲。平坦的道路就加倍行軍速度，快速推進，危險的路段就放慢進兵速度，逐漸推進，出其不意，直衝蜀地的心腹地帶。蜀人必然驚駭我軍的迅速逼近，當地留守的部隊一定聞風潰逃，不會固守的。」

於是，宇文泰任命尉遲迥率領開府元珍、乙弗亞、宇文升等六支軍隊，共有甲士一萬兩千，騎兵一萬，在魏廢帝二年（五五三年）的春天，即梁承聖二年，從散關（在陝西寶雞西南大散嶺上，當秦嶺咽喉，扼川陝間交通孔道，為兵家必爭要地）出兵南下伐蜀。

尉遲迥由固道直出白馬，進逼晉壽，開闢平林故道，一路上沒有遇到抵抗就進入了四川。西魏部隊進兵迅速，先遣部隊進至劍閣（今四川廣元南部、嘉陵江流域），蕭紀的安州刺史樂廣，沒有抵抗就以州投降了。隨後，鎮守潼州的梁州刺史楊乾運也投降了。六月，尉遲迥就率領大軍進入了潼州，隨即又進兵圍攻益州（今四川成都）。

蕭紀進兵至巴郡時聞聽西魏出兵了，他曾經派兵回到益州救援，但這支救援部隊被西魏軍隊打敗後就投降了。最後，益州也投降了。西魏奪取蜀地之戰可以說幾乎沒有遇到多大的軍事抵抗，就輕易地佔有了益州。

曹操征伐烏桓之戰和西魏奪取蜀之戰，這兩次用兵的特點都是遠程奔襲敵人，行軍路線都是選擇荒涼艱險沒有軍隊防守的路線。正由於路線艱難，故而沒有防守，使軍隊行於無人之地，行軍千里而沒有作戰的勞苦，結果出其不意，襲擊成功。

善攻守則敵不知所守攻

【名言】

攻而必取者，攻其所不守也；守而必固者，守其所必攻也。故善攻者，故不知其所守；善守者，敵不知其所攻。

——《虛實篇》

【要義】

這句話的大意是：攻打而一定取勝，是由於攻打敵人沒有防守的地方；防守而一定牢固，是由於設防於敵人必然進攻的地方。所以善於進攻的人，敵人不知道該在哪裡設防；善於防守的人，敵人不知道該從哪裡進攻。

孫子對戰爭有必勝的信心，他不僅注重攻守兼備，而且能攻善守。在進攻時，就要攻擊敵人防守空虛、薄弱的地方，這種地方敵人或者沒有防備，即使有防備，也是漏洞百出，如將領無能、兵馬不精、營壘不堅固、防守不嚴密、敵人救助所不能及、人心不齊、糧草不足等等。對這種地方的進攻，才能做到攻必取戰必勝。

反之，防守也要求防守到位，扼守敵人必然進攻的地方，這樣才能有效抵擋敵人的進攻。圍繞著如何攻守，歷代軍事家們進行了無數次的戰爭演練，導演出了一幕幕驚心動魄的戰爭場面。

【故事】

話說東漢光武帝命令耿弇平滅在齊，即現在山東中部地區臨淄一帶的張步。耿弇率領漢軍平定濟南周圍地區後，繼續揮軍東進，來到臨淄附近。當時，張步都於劇（今山東壽光南），派別將駐守臨淄，又派他的弟弟張藍率精兵駐守距臨淄僅有四十里的西安，耿弇的軍隊就在臨淄和西安之間，西安東南的畫中住了下來，準備對這兩處地方發動攻擊。

耿弇視察西安，發現西安城雖小但十分堅固，又有張藍的精兵兩萬，不易攻取；臨淄城雖然大，其實卻容易攻取。耿弇就在軍中下令，命令各部隊上下準備攻城的器械，說是五天後進攻西安。同時，他又命令軍中將所俘獲的敵人間諜暗中放掉，讓他回去向張藍報信。張藍得知耿弇的漢軍即將攻城，也高度戒備，晝夜嚴加防守。

到了第五天的半夜裡，耿弇命令將士都儘早吃完早飯，隨後就出發了。到天明的時候，漢軍來到了臨淄城下。護軍荀梁等人發現這是要攻臨淄，就與耿弇爭執起來，他們主張應該速攻西安。

耿弇就解釋說：「不能進攻西安。西安聽說我軍即將攻擊它，他們日夜加強守備，而攻臨淄出其不意，突然進攻它，城中的人必定十分驚慌混亂，我軍乘機進攻它，一天就必定攻克。攻克了臨淄，西安就孤立了，張藍與張步相隔較遠，他一定會棄城逃亡而去，這是所謂攻擊一城而實際得到兩座城。假若我軍先進攻西安，不能馬上攻下它，在防守堅固的城下疲勞兵卒，將士死傷的一定很多。縱然我軍能力克西安，張藍率領他的精兵逃奔臨淄，兩股敵人合起來，加強他們的勢力，再查看我軍的虛實。我方孤軍深入敵人的地盤，後無援軍，糧草不繼，十數天後，不戰就已經自動陷入困境了。各位的意見，未必見得合宜。」

漢軍遂在耿弇的指揮下對臨淄發起了猛烈攻擊，才用了半天的時間就攻克了臨淄，漢軍隨即入城佔據了臨淄。在西安的張藍聽說臨淄失守後，大為驚懼，急忙率領他的部隊棄城而逃，投奔到了劇。

東漢末年，天下大亂，黃巾軍在各地起義，漢靈帝光和七年（一八四年），南陽（今河南南陽一帶）的黃巾軍在張曼成的率領下起兵。他自稱「神上使」，集聚了數萬的人馬，殺死南陽郡守，屯兵於宛（今河南南陽）一百多天。後來太守秦頡與黃巾軍交戰，在作戰中殺死了張曼成。但是黃巾軍更立趙弘為統帥，歸附他們的兵馬更多，黃巾軍的隊伍多至十多萬人，繼續佔據著宛城。

朱儁與荊州刺史徐璆以及秦頡合併兵力，共一萬八千人，包圍了趙弘。但從六月直到八月，一直沒有攻克宛。朝廷中就有官員想處罰朱儁，司空張溫上疏說：「以前秦國任用白起，燕國任用樂毅，都是曠年累月地進行一次戰爭，才能最終戰勝敵人，朱儁討伐潁川的黃巾軍，由於他討伐賊人有功，國家才命令他率領軍隊攻打南陽的黃巾軍，他消滅敵人的方略已經部署好了，臨陣改換將領，素來是兵家所忌諱之事。朝廷應該多給他些時間，以責成他能夠成功。」靈帝聽後，遂決定不懲罰朱儁。

朱儁因朝廷催促，也就加緊攻打趙弘，並在一次交戰中斬殺了他。但是黃巾軍的另一位首領韓忠，繼續統領黃巾軍佔據著宛，也繼續抗擊漢室官兵的討伐。朱儁的兵力太少，正面進攻實在不是敵人的對手，他遂在宛城周圍設置營壘包圍了宛，又修築起土山，形成居高臨下之勢，可以查看城內敵人的兵力部署情況。官軍經過一連串的準備，終於鳴鼓發起了對宛城西南角的猛烈進攻，城內的黃巾軍們都集中到了西南角，結果城東北角的防守就空虛了，朱儁見這一有利戰機，遂親自率領精兵五千乘機攻打東北角，並攻入城中。韓忠被迫退守於小城，恐慌驚懼之餘請求朱儁允許他投降。

東漢初年耿弇討伐張步，他揚言要進攻西安，而實際上攻克的卻是防守不足的臨淄，臨淄攻克後，據守西安的敵人孤立，被迫自動棄城逃走；東漢末年朱儁攻打宛之戰，朱儁為了攻克宛，先吸引宛中敵人的注意力於城的西南角，而他則率精兵從城的東北角乘機攻入城中。這兩個戰例都是「攻其所不守」，從而達到了「攻而必取」的效果。

攻其所必救

【名言】

我欲戰，敵雖高壘深溝，不得不與我戰者，攻其所必救也。我不欲戰，雖畫地而守之，敵不得與我戰者，乖其所之也。

——《虛實篇》

【要義】

這句話的大意是：我要決戰，敵人雖然有高壘深溝，也不得不與我決戰，這是由於攻打的是它必須救援的地方。我不願意決戰，哪怕是畫地為營而固守，敵人卻不能與我決戰，這是由於反其意而行的結果。一場戰爭的爆發，它並不是在某一地點上進行，往往是在一條線或一個面上全面地展開。從某個點上有所突破，一直是歷代兵家在實戰中千思百慮的。孫子總是強調戰爭主動權在我的重要性。我要攻克的，敵人不得不與我作戰；我不想打的，敵人縱使來進攻，我固守卻不與之交鋒，使敵人對我無可奈何。孫子的這一軍事思想對指導戰爭有其重要的意義。

【故事】

唐朝自安史之亂後，又陷入了藩鎮割據的長期動盪的困境。唐德宗建中二年（七八一年），魏博節度使田悅聯合淄青的李納、成德的李惟岳通謀背叛朝廷，田悅率領三萬兵馬包圍了邢州（今河北邢台）及臨洺（今河北京豐東），唐廷命令河東節度使馬燧帶領步兵騎兵兩萬與昭義節度使李抱真、神策行營兵馬使李晟共同救援臨洺，經過多次交戰，在這年十一月，馬燧大敗田悅軍於臨洺，斬殺數萬人，逼迫田悅退兵，從而解除了田悅對邢州的圍困。

建中三年（七八二年）正月，田悅向淄青、恒冀求救，李納派大將衛俊帶領一萬救援，李惟岳也派出三千兵前來救援。田悅又召集了被打散的士兵共有兩萬多人，駐紮在洹水。淄青來的軍隊在田悅軍的東面，恒冀來的軍隊部署在田悅軍的西邊，三股軍隊首尾相應，構成了一字長蛇陣。

馬燧則率領軍隊進至鄴，他見田悅突然有了新生力量，又請求朝廷派兵增援，唐廷遂命令河陽節度使李艽率領河陽軍隊與馬燧會合。唐軍會合後渡過漳水，與叛軍對峙。當時，唐軍糧草嚴重不足，這一點田悅看得很清楚，所以他採取堅壁不戰的辦法以對抗唐軍。

馬燧命令士兵拿足十天的糧食，繼續進軍，與田悅夾洹水駐紮下來。李抱真、李艽問道：「我軍糧少反而深入敵人的地區，為什麼這樣做？」

馬燧解釋說：「我軍糧少，爭取速戰對我有利，兵法上曾經說：善於作戰的人總是使敵人前來就我，不是自己前往就敵。現在魏博、淄青、成德三鎮聯軍首尾相顧，他們的計劃是不與我交戰，是希望使我軍師老兵疲；我們如果分別攻擊敵人的左右兩

翼，兵力太少就未必能擊破他們，況且田悅必定救援他們，那樣我軍腹背受到敵人的夾擊，作戰一定對我不利。兵法上所謂的進攻就要進攻敵人必定救援的地方，這樣敵人就應當會出來應戰了。我馬燧與諸位必定擊敗他們。」

馬燧命令士兵在洹水上造了三座浮橋，每天帶一支軍隊過河挑戰，而田悅卻不敢應戰。恒州的兵少，害怕被馬燧吞併，遂歸入田悅的軍營。馬燧天天挑戰，似乎也激怒了田悅。田悅在軍中下令，如果馬燧明天繼續挑戰，就設下萬人的伏兵，偷襲馬燧。而馬燧則命令各支軍隊在半夜時分就早早開飯，在雞叫前就擊鼓吹號，暗中沿著洹水徑直奔向田悅的根據地魏州（今河北大名東北），並且告誡軍隊說：「得知敵人臨近了，我們就要停下來列陣。」

又令一百多騎兵擊鼓吹號，都留在後面，各自拿好乾柴和火種，等待大軍都出發完畢以後，他們就應停止擊鼓藏匿起來，等候田悅的軍隊渡過河後，就縱火燒掉浮橋。馬燧的大軍前進了十餘里後，田悅得知他們是想襲擊自己的後方，急忙率領他全部的軍隊四萬多人過橋尾隨跟進，一路上順風縱火，敲鑼擊鼓地前進。

馬燧得知敵人被調動跟了上來，就命令軍隊停止前進，鏟除地上的雜草荊棘，開闢出一塊大小有數百餘步的戰場，列陣等待敵人的到來。馬燧從軍陣中走出來，又當場招募勇士五千多為前鋒。等到田悅的軍隊趕來後，他們點的火也熄滅了，匆匆追趕了十幾里後，田悅的部隊開始疲勞氣乏，士氣低落。馬燧不等敵人穩定，就指揮軍隊衝了上去，田悅的軍隊大敗。在激戰中，神策軍、昭義軍、河陽軍都有點抵擋不住敵人，略微後退，但是他們看見馬燧的河東軍取勝了，也再次發起衝鋒，遂全面擊敗敵人。田悅率領殘兵敗將急忙向洹水軍營撤退，馬燧等人揮兵緊追。等田悅來到洹水時，那三座浮橋早已被預先埋伏在那裡的唐軍燒掉了，田悅的部隊立刻大亂。後有追兵，前無進路，叛軍紛紛下水過河，結果溺死無數。唐軍追上來又斬殺了敵人兩萬多，俘虜三千多，淄青兵幾乎全軍覆沒，田悅只帶了殘兵一千餘人逃回了魏州。

馬燧對田悅洹水一戰，唐軍糧草軍需少，希望速戰速勝，而田悅得到了增援部隊，構成了首尾相應的牢固陣勢，不理會馬燧的挑戰，想拖垮馬燧的軍隊，使其師老兵疲。馬燧卻做出捨棄田悅不顧、徑直去襲擊田悅的後方大本營魏州的軍事佯動，「攻其所必救」，使堅壁不戰的田悅不得不率領軍隊尾隨唐軍，正中了馬燧的速戰計謀。結果，一戰下來，田悅幾乎全軍覆沒。

避實擊虛，因敵制勝

【名言】

兵形像水，水之形避高而趨下，兵之形避實而擊虛；水因地而制流，兵因敵而制勝。故兵無常勢，水無常形。能因敵變化而取勝者，謂之神。

——《虛實篇》

【要義】

這句話的大意是：軍隊的態勢好像流水，水的流動總是從高處流向低處，軍隊的態勢也總是避開敵人的堅實之處而攻擊其虛弱之處；流動的水是根據地勢而決定流向的，軍隊也應因敵情的具體情況而奪取勝利。所以說，軍隊沒有固定不變的態勢，流水也沒有固定不變的形狀。能夠根據敵情的變化去奪取勝利的人，就叫做「神」。

在戰爭指導問題上，孫子堅決反對教條主義作風。在他看來，一位優秀的軍事指揮官應當根據敵情的變化，靈活運用兵力和戰法。這包括自己主動的變和隨敵應變。變即是靈活，即是主動，以變制變，才能完全掌握戰爭的主動權。孫子的這一思想，不僅對指導戰爭有重要的借鑑意義，而且對指導現代體育運動、經濟貿易、國際政治等也有重要的借鑑意義。

【故事】

西晉愍帝建興四年（三一六年），都督并、冀、幽三州諸軍事的劉琨得到了其子劉遵及箕澹所率領的鮮卑原猗盧部眾三萬人及馬牛羊十萬，一時間實力大增。當時，石勒正攻打樂平（今山西昔陽），樂平太守韓據向劉琨請求援助。

劉琨自以為得到了新的生力軍，想憑藉軍隊高昂的氣勢去打敗石勒。箕澹曾經加以勸阻，但是劉琨不聽。劉琨派出他的所有部隊十多萬人馬，由箕澹率領步兵騎兵共兩萬人為先遣部隊，劉琨帶領大軍為後援。石勒面對強敵，也做好了迎戰的準備。這時，有人向石勒進言說：「箕澹兵馬精良而且氣勢盛，其鋒不可阻擋，我軍應當深溝高壘固守，以挫敗敵人的銳氣，那時攻守的形勢就發生變化了，我軍就可獲得萬全之策了。」

石勒卻說：「箕澹的大軍遠道而來，他們的體力已經用盡了。再說他們是犬羊烏合之眾，內部更是號令不一，我軍可一戰擊敗他們，怎麼能說得上敵人強大呢？敵人就要上來了，怎麼可以捨棄敵人而退兵！何況大軍一旦撤退行動，是不易中途返回的！如果箕澹乘我軍撤退之機追擊，那時我軍連回頭的工夫都沒有，又哪裡來得深溝高壘固守呢！這是不戰而自取滅亡的辦法。」於是，立即下令斬殺了勸諫的人。

石勒任命孔萇為前鋒都督，又在軍中下令，凡是行動遲緩落後者斬。石勒動員起部隊後，就在道路兩旁的山上部署了兩股伏兵，等待敵人前來。

箕澹率領軍隊來到近前後，石勒也率領一隊輕騎迎上去。與晉兵交戰了一會，石勒假裝失敗而撤退，箕澹則帶領大軍全力追擊。等箕澹的人馬進入石勒的伏擊圈後，預先埋伏在山上的伏兵立即出動，前後夾擊。箕澹的軍馬頓時大亂，石勒的軍隊僅僅繳獲的戰馬就有上萬匹。箕澹逃亡到了代郡，韓據也棄城投奔了劉琨，劉琨的長史李弘則以并州向石勒投降，劉琨只好率領餘部投奔到幽州。

此戰，石勒根據敵人遠道而來身體疲勞力氣竭盡、敵人軍中又號令不一的弱點，採取了佔據險要地利、設伏待敵的策略；在交戰中，他又靈活主動地收兵佯敗，引誘敵人進入伏擊地，最終取得了大勝。

軍無輜重則亡

【名言】

軍無輜重則亡，無糧食則亡，無委積則亡。

——《軍爭篇》

【要義】

戰爭不僅要有孔武有力的勇士及龐大的人力資源為基礎，重要的是還需要有支持人力資源生存的物質基礎。孫子對此看得十分明白。這句話的大意是：軍隊沒有輜重就不能生存，沒有糧食就不能生存，沒有物資儲備就不能生存。

民以食為天，古代許多的戰爭爆發與爭奪糧食有關，而許多戰爭的終結，也往往與有無糧食輜重有著直接決定性的關係。孫子在此不僅指出了軍隊生存的根本，而且對備戰也有指導意義。

【故事】

我們還是就東漢末年著名的官渡之戰說起。在前面的故事中，我們已經對官渡之戰前的白馬、延津之戰作了介紹。這兩次戰鬥中，曹操接連取勝，斬殺了袁紹兩員大將顏良和文醜，使袁紹的士氣受到重創，勝利的指針已經向兵少糧缺的曹操一方傾斜了。

建安五年（二〇〇年），曹操在連勝後退守於官渡（今河南中牟東北），袁紹也進軍至陽武（今河南原陽東南）。這年的八月，袁紹指揮大軍連營向前移動，以沙石築為軍屯，建立起了東西數十里的軍營，對官渡的曹操展開了攻勢。曹操也分兵佈防，抵禦袁紹軍隊的進攻，交戰的結果對曹操不利。當時曹操的兵力不足，接連的征戰又使許多士兵傷亡減員，面臨袁紹強大的軍事進攻，曹操更加感到兵力上的捉襟見肘。因此，袁紹的軍隊繼續向前推進，逼臨到了官渡，築起土山，挖掘地道。曹操在官渡軍營內也進行相應的部署應對袁紹的進攻。袁紹的大軍對曹操的軍隊展開了猛烈的進攻，袁軍向曹營中猛烈放箭，以至於曹營中的箭如雨一般落下，在曹營中行走，士兵們都必須拿盾牌頂在頭上保衛自己，這使曹營中的士兵們大為恐懼，人心不穩。

當時，曹操的軍糧嚴重不足。他寫信給留守許都的荀彧，計劃退兵返回許都，同時吸引袁紹跟進，再尋機擊敗他。而荀彧則回信說：「袁紹將他的兵力都集中到了官渡，是想和您決出勝負來。您以很微弱的兵力抵擋天下最強大的敵人，如果不能取勝，一定會被敵人乘機擊垮，這是存亡的關鍵時刻。再說袁紹只是一個平凡人中的英雄豪傑罷了，他能聚集人才卻不能任用人才。現在您軍糧雖然短缺，還沒有達到楚、漢在滎陽、成皋時的危難境地。當時，劉邦、項羽都不肯先退兵，因為先退兵的一方在氣勢上就先輸了。您以十分之一的兵力，牢牢地固守在官渡，扼守住交通咽喉之地而使敵人不能前進半步，您已經堅持了半年了。現在前線上的形勢正是危急的時候，雙方的氣勢也都近乎枯竭，一定會有大變故發生，這正是您使用奇謀的時候，時機是不可丟失的。」

曹操遂堅定了戰勝袁紹的決心，不再有退兵的想法。

當時，袁、曹雙方的軍糧都是從各自的後方遠道運來。袁紹佔據華北廣大的地區，軍糧豐足，再加人馬眾多，運糧也方便。而曹操在中原，戰亂頻繁，使軍糧嚴重不足。就在雙方的相持過程中，袁紹從後方調來幾千車軍糧。曹操聽從荀攸的計謀，派遣大將徐晃、史渙帶領一支軍隊去襲擊袁紹的運糧車隊，將袁紹的幾千車軍糧全部燒掉。曹操與袁紹對峙已經有幾個月了，雖然連續的接戰也斬殺了一些敵人的將領，但是曹軍人馬畢竟不足，糧食也即將吃盡，士兵們更是疲憊不堪，而負責運輸軍糧的尤其疲勞。曹操就安慰部下說：「再等十五天，我一定為你們擊破袁紹，那時就不再勞駕諸位了。」

這年的十月，袁紹又派車運糧，同時派出淳于瓊等五位將軍領兵一萬多人護送，他們的運糧隊伍已經來到距離袁紹軍營以北四十里的烏巢。正在這時，袁紹的謀士許攸因為貪財而袁紹不能滿足他，就前來投奔曹操。

曹操一聽說許攸來了，高興地光著腳就從營帳中出來迎接，並拍著手說：「許先生遠道而來，我的大事就要成功了。」

曹操將許攸迎入營帳中，許攸問道：「袁紹的軍隊氣勢旺盛，您如何應對？現在您還有多少糧食？」

曹操說：「我的軍糧可以支持一年。」許攸卻說：「您沒有那麼多，您再說說。」

曹操又說：「還可以支持半年。」許攸聽後說：「足下不是想擊敗袁紹嗎？怎麼對我說的話都不真實！」

曹操急忙說：「剛才我說的都是戲言。其實我的軍糧只能支持一個月，下一步怎麼辦？先生有何高見？」

許攸說：「您就讓這一支軍隊孤獨地防守在這裡，外面沒有救援的軍隊而且糧食即將用盡，這是危急的時刻。現在袁紹的輜重有上萬乘，都集中在故市、烏巢，在那裡防守的士兵並不嚴密；您以輕兵去襲擊，出其不意，燒掉所有的糧草，不過三天，袁紹的軍隊就會不戰自敗。」

曹操大喜，左右的人還對許攸有所懷疑，而荀攸、賈詡等卻極力勸曹操立刻行動。

曹操派曹洪留守大營，他自己親自帶領五千精銳步騎，每人拿一把放火用的乾草，全部使用袁軍的旗幟，乘夜間從小道出發，路上遇有巡邏袁軍詢問，就說：「袁公恐怕曹操襲擊後軍的糧草，派我們去加強防備。」袁軍也信以為真，遂不再過問。

曹操來到烏巢時，天已經明了。淳于瓊等人看見來的敵人很少，也出營列陣。曹操指揮精兵猛烈攻打，迫使袁軍退守營內。袁紹得知曹操襲擊烏巢後，也派兵力支援烏巢。曹操身邊有人說：「敵人的騎兵就要過來了，請分出一部分兵力抵禦。」曹操卻憤怒地說：「等敵人來到我們身後的時候，再告訴我。」曹軍奮力攻打烏巢的袁軍，將淳于瓊等打得大敗，並將他們殺死，又放火燒了袁紹的全部糧食。

就在曹操攻打烏巢的時候，袁紹卻對他的大兒子袁譚說：「乘敵人攻打淳于瓊的時候，我軍攻克曹操的大本營，使曹操沒有退路。」於是派張郃、高覽攻打曹洪。等烏巢袁軍失敗的消息傳來，張郃等人就投降了曹操，袁紹的軍隊頓時混亂一團，潰散逃走。袁紹的勢力從此一蹶不振。

官渡之戰，曹操正是抓住了軍無糧食則亡的用兵要點，用奇兵燒掉袁紹的糧草，使袁軍失去生存的基本條件而潰散。處於弱勢的曹操一舉擊垮強大的袁紹，奠定了他統一北方的基礎。此戰，再次說明瞭孫子兵法的重要指導意義。

三軍可奪氣

【名言】

三軍可奪氣，……是故朝氣銳，晝氣惰，暮氣歸。故善用兵者，避其銳氣，擊其惰歸，此治氣者也。

——《軍爭篇》

【要義】

孫子在本篇中提出的如何掌握軍隊戰鬥力的四個方法即治氣、治力、治心等。這句話的大意是：三軍可以削弱它的士氣，……所以早晨士氣最盛，白天士氣低落，傍晚士氣衰竭。所以善於用兵的人，應該避開敵人士氣旺盛之時，而在敵人士氣衰竭的時候發起進攻，這是掌握軍隊士氣的方法。作戰是靠一股勇氣，而勇氣有盛有衰。孫子認為，士兵們的士氣在一天中的早晨最盛，白天則逐漸衰退，到了傍晚就衰竭。士氣的盛衰對軍隊戰鬥力影響極大。孫子要求作戰中應避開敵人士氣高漲的時候進攻敵人，同時保持自己的士氣高漲旺盛。應在自己士氣高漲的時候攻擊敵人士氣衰竭之時，就能保證自己的勝利。

「奪氣」之說在古代兵學理論中一直受到高度重視，歷代的兵家在具體應用中也都有巧妙的發揮。

【故事】

魯莊公十年（前六八四年），齊國攻打魯國，魯莊公也積極準備應戰。曹劌請求進見莊公，他的同鄉人都勸阻說：「戰爭是國家大事，有那些吃肉的人在那裡謀劃，你去摻和什麼？」

曹劌說：「天天吃肉的那些人鄙陋不通，目光短淺，不能作長遠的考慮。」於是，他進宮面見莊公，並問莊公憑藉什麼來與敵作戰。

魯莊公說：「我有暖衣和好吃的，都不敢獨自一人享受，我一定分給別人。」曹劌卻說：「您的這些小恩小惠，並不能使每一個人都能享受到，我想您憑藉這些小恩小惠，老百姓是不會為您打仗的。」

莊公又說：「我對神靈很虔誠，祭祀上用的牛羊玉帛等各種祭品，不敢有任何的減少和胡亂的增加，祝史們向神靈禱告時也必定反映實情。」曹劌說：「您的一念之誠也不能代表一切，我看神靈不會因此降福給您的。」

莊公又說：「我們國家每年有成千上萬件案子，我雖然不能一一洞察，但我必定按照情理盡量秉公處理。」曹劌聽到此言，說：「您這是為百姓盡心盡力的一種心意，可以憑藉這個打一仗。不過，打仗的時候，請讓我也跟隨您前去。」莊公答應了。

莊公和曹劌乘坐一輛兵車，來到戰場地點長勺（今山東萊蕪北）。齊、魯兩國的軍隊都做好了戰前的準備，軍陣已經列好擺開。齊國軍隊首先擊鼓，發起第一輪進攻，莊公也想擊鼓迎擊進攻的敵人，曹劌卻說：「還不是進攻的時候。」魯軍遂壓住陣腳，將衝過來的齊軍擋了回去。

這樣齊軍衝鋒了三次過後，曹劌對莊公說：「我軍可以出擊了。」魯軍遂發起他們對齊軍的第一次衝鋒，士氣旺盛的魯軍直衝到齊軍軍陣中，只一個回合就把齊軍打得大敗，齊軍紛紛撤退逃跑。莊公命令軍隊進行追擊，曹劌又說：「不能追，先讓我察看一下敵情。」曹劌說完，就下車仔細察看齊軍敗退的車轍痕跡，然後又登上戰車前面的橫板，向潰退的敵軍望了望，他看清楚齊國軍隊是真的敗退後，說：「我軍可以追擊了。」魯軍隨即向齊軍追趕過去，一路追殺，直到將入侵的敵人追趕出魯國的邊境。

魯國雖然在長勺擊敗了強大的敵人，但是魯莊公卻不明白他為什麼能取勝。因此勝利後，他問曹劌這是什麼緣故。曹劌解釋說：「與敵作戰靠的是一股勇氣。擊第一通鼓時，士兵們的勇氣振作起來；擊第二通鼓時，勇氣就有些衰退了；擊第三通鼓時，士兵們的勇氣就衰竭了。敵人三鼓過後，他們的勇氣已經竭盡了，而我軍還沒有擊鼓，士氣正旺盛充沛，所以我軍一衝鋒就打敗了敵人。但是，大國是難以捉摸的，敵人陣前的失敗，恐怕還有埋伏等我軍追擊。所以我又仔細觀看他們撤退的車轍，見他們的車轍已經雜亂了，又遠望他們的旗幟，敵人的旗幟也都倒了下去，知道敵人是真的失敗了，我才放心地讓您去追擊敵人。」

齊、魯長勺之戰，曹劌指揮魯軍避開齊軍的銳氣，嚴陣以待，等待齊軍擊過三通鼓後，齊軍的士氣衰竭而魯軍的士氣正處在高漲時才開始反擊，一戰擊敗強大的敵人。長勺之戰由此也成為我國歷史上著名的透過「治氣」而以弱勝強的戰例。

將軍可奪心

【名言】

將軍可奪心，……以治待亂，以靜待嘩，此治心者也。

——《軍爭篇》

【要義】

這是孫子在本篇中提出的如何掌握軍隊戰鬥力的四個方法之一。這句話的大意是：將軍可以沮喪他的意志，……用自己的嚴整等待敵人的混亂，用自己的鎮靜等待敵人的喧嘩，這是掌握將領臨戰心理的方法。古人認為心是思維的器官，將士的勇怯、軍隊的治亂都由心來決定。心是謀劃計謀的思維器官，因此孫子所謂的伐謀，後人就理解為攻心。

《左傳》中有「先人有奪人之心」的用兵主張，這說明「奪心」在戰爭中的作用早為人們所認知。奪心的關鍵是奪將領之心，因為將領是一支部隊的靈魂和核心，將領的意志和決心對部隊的士氣、戰鬥力發揮著關鍵性的影響作用。

【故事】

東漢初年，隗囂割據於隴西。光武帝劉秀於建武八年（三二年）攻打隗囂，隗囂的部將安定人高峻，擁有精兵萬人，佔據著高平（安定郡治所，今寧夏固原）的第一城，劉秀派待詔馬援招降了高峻。漢軍糧盡力疲，同時潁川各地反叛，迫使劉秀前去鎮服。漢軍退兵後，關中地區又為隗囂所有，高峻又投奔了隗囂，並繼續協助隗囂對抗漢軍。隗囂死後，高峻就佔據了高平，他由於害怕再次歸漢有被砍頭殺害的危險，所以他只好繼續對抗下去。劉秀派建威大將軍耿弇率兵包圍了高平，但圍了一年，竟然沒能將其攻克。

建武十年，劉秀進入關中，他要親自率軍征伐高峻。隨行的寇恂勸阻說：「長安在洛

陽到安定的中間，照應前後方很方便，安定和隴西必定十分恐懼，佔據其中的一處就可以制服四方。不過，我軍的兵馬連年征戰已經很疲倦了，您率領疲倦的兵馬來到這十分險阻的地方，並沒有能立刻攻下敵人的能力，前年潁川的反叛，是我軍應汲取的教訓。」

劉秀不聽，繼續進兵，高峻卻沒有屈服。強攻不成，劉秀就想派人去勸降。劉秀對寇恂說：「您先前曾經勸我不要進軍，現在請您為我去一趟。如果高峻不立即投降，就率領耿弇那五個營的兵馬攻打他。」

寇恂手捧璽書來到第一城，招降高峻，高峻派他的軍師皇甫文出城拜見寇恂。皇甫文

的言辭、態度都是一副不屈服的樣子，寇恂大怒，就要斬殺皇甫文。將領們都勸阻說：「高峻還擁有精兵一萬多，大都是強弩能戰之士，他們控制著隴西要道，我們連年攻打都不能取勝。現在要使高峻降服，而反倒殺死他的使者，這樣不妥吧。」

寇恂不加理會，當即斬殺了皇甫文，然後派皇甫文的副使回去告訴高峻說：「你的軍師太無禮了，我已經殺死他了。你想投降，就立即投降，不想投降，就固守你的城池。」

高峻得知這一情況後十分惶恐懼怕，當天就開城投降了。

多位將軍都來向寇恂祝賀，並問道：「請問您殺死高峻的使者，反而使高峻立即投降了，這是為什麼？」

寇恂解釋說：「皇甫文是高峻的心腹智囊，高峻的計策都由皇甫文策劃。現在皇甫文來到我軍，出言不遜，意志也不屈服，根本沒有投降的意思。如果不殺皇甫文而讓他回去，皇甫文就能成全他的計策，殺死他，高峻就沒有了主張，所以他就投降了。」

東漢初年平定關中之戰，寇恂大膽果斷地斬殺了高峻的軍師，結果使成年攻打都不能攻克的高峻立即投降，原因是皇甫文被殺，使高峻沒有了計謀的策劃者，而漢軍在殺人後的口氣十分強硬，更使高峻徹底喪膽。「將軍可奪心」的重要性在此戰得到了充分的說明。

以逸待勞

【名言】

以近待遠，以逸待勞，以飽待飢，此治力者也。

——《軍爭篇》

【要義】

這是孫子在《軍爭篇》中提出的如何掌握軍隊戰鬥力的四個方法之一。這句話的大意是：以自己接近戰場等待敵人的遠道而來，用自己的安逸休整等待敵人奔走的疲勞，用自己的飽食等待敵人的飢餓，這是掌握軍隊士兵體力的方法。

在古代戰爭中，勝負往往是經過雙方軍隊短兵相接的激烈交戰而後分出來。短兵相接，不僅需要勇氣，更需要力氣，強壯勇武、力氣大的顯然在肉搏中易佔上風，力弱的一方則往往處於不利的地位，這是至為明顯的道理。因此，如何使自己軍隊保持充沛的體力，就成為自孫子以來每位兵家所極為關注的重要軍事問題。

敵人的體力可以在運動、飢餓、焦慮、恐懼中消失，而己方的體力則在飽食、等待、安靜中得以保持。孫子所謂的疲敵、勞敵，甚至遠近、險阻等，都是從消耗敵人體力角度說的。

【故事】

東漢光武帝建武十一年（三五年），劉秀命令將軍岑彭、吳漢率領大兵會師荊門（今湖北宜昌東南），討伐在今天四川一帶割據稱帝的公孫述。岑彭攻破荊門後，率領大軍進入蜀的腹地，吳漢則留在了夷陵（今湖北宜都），修理舟船，準備乘船而上。當年十二月，他將舟船修理完畢後，就率領所部三萬人逆江而上。這時，適逢岑彭被公孫述的刺客刺殺身亡，吳漢就兼領岑彭所部的軍隊。

建武十二年春，吳漢向四川進軍，與公孫述的大將魏克、公孫永大戰於南安（今四川樂山）的魚涪津，大破蜀軍，漢軍隨即北上進攻武陽（今四川彭山）。公孫述派史興前來救援，吳漢擊敗了史興，遂攻佔了武陽。漢軍一路上接連擊敗前來阻擊的敵人，使沿途各縣的守城將領都不敢出來與吳漢交戰。劉秀詔命吳漢直接進軍奪取廣都（今四川雙流），佔據敵人的心腹地帶，吳漢當即揮師攻克廣都。漢軍的兵鋒已經逼近了成都，公孫述的部將中許多人投降了吳漢，光武帝想方設法讓公孫述也投降，但是公孫述卻始終沒有投降的意思。

雙方膠著到秋天的七月，劉秀告誡吳漢說：「成都還有十多萬兵，不可輕視他們。你只要堅決地固守廣都，等待敵人前來進攻，不必與敵人爭強。敵人如果不來攻你，你才可向前推進以逼迫敵人，等到敵人力盡疲倦了，就可擊敗敵人了。」

但是，吳漢求勝心切，未把劉秀的告誡當回事，率領步騎兩萬進逼成都，在距離成都十餘里的江北為營，又在江上架設浮橋，派副將劉尚帶領萬人屯守江南，兩營相去二十餘里。

劉秀得知這一情況後大驚，立刻派使者責備吳漢：「以前我早就告訴你許多細節、辦法，為什麼臨事又糊塗昏亂！既然你已經輕敵深入，且與劉尚分別為營，事情一旦有緩急之變，你與劉尚如何相互聯繫？如果敵人出兵攻你，同時以大軍攻劉尚，一旦劉尚被攻破，你也會立即失敗的。幸虧現在還沒有什麼嚴重的事發生，你馬上率領軍隊退還廣都。」

還沒有等使者來到吳漢軍營，公孫述果然在九月間派謝豐、袁吉率領十餘萬大軍，分為二十多個軍營，圍攻吳漢，又派萬餘兵攻打劉尚，使他們不能相互救援。吳漢與敵人激戰一天，最後兵敗，退守營中，謝豐則乘機包圍了漢軍。

吳漢召集各部將激勵他們說：「我和諸位跋山涉水，歷盡險阻，轉戰千里，深入到敵人的腹地，直打到成都城下。現在我們與劉尚兩處都受到了敵人的圍攻，嚴峻的局勢使我軍不能相互援助，這樣的禍患無法估量；我打算暗中使軍隊接近江南的劉尚，合併兵力，一同抗擊敵人。假若我軍上下同心同力，人自為戰，那麼我軍就能立大功；如果不這樣做，我們失敗就沒有任何商量的餘地了。我們是成功還是失敗，就在此一舉了。」

各位將軍都答應了。於是，吳漢犒賞將士，餵飽戰馬，閉營三天，不與敵人交戰。在軍營中又立起許多軍旗，使營中的煙火不斷。到了夜晚，吳漢悄悄地帶領軍隊與劉尚會合了，而敵人竟然沒有發覺。第二天，謝豐發覺後率軍追趕，吳漢以小部分軍隊在江北抵禦謝豐，他自己率領大軍攻擊江南的敵人。從早晨激戰到傍晚，漢軍大敗敵人，並在混戰中斬殺了謝豐、袁吉。此後，吳漢與公遜述又大戰於廣都，八戰八捷，包圍了成都。

吳漢在與謝豐的交戰中，他兵力不僅少，而且分散在兩處，激戰一日失敗。吳漢意識到了他兵力分散的危險，就閉營三天，犒賞兵士，恢復士兵們的體力，激勵他們，與劉尚合兵一處，最終擊敗了敵人。吳漢於危機中及時休整軍隊，改變用兵計劃，最終取得輝煌的勝利。

高陵勿向，背丘勿逆

【名言】

用兵之法，高陵勿向，背丘勿逆，佯北勿從，銳卒勿攻，……此用兵之法也。

——《軍爭篇》

【要義】

孫子不僅從總體、戰略的角度提出了許多睿智的思想，而且他更注重具體用兵的方法，極力追求每一次戰鬥的勝利。因此，在《孫子兵法》中有關如何用兵的論述，就比比皆是。這句話的大意是：用兵的方法，敵軍據守高山不可仰攻，背靠丘陵不可迎擊，假裝逃跑時不可追擊，士卒精銳不可攻擊，……這就是用兵的方法。孫子在此又提出了行軍、用兵中應當注意的八種方法。這些方法的實用性極強，對於指導軍事行動有十分重要的意義。

【故事】

周赧王四十六年（前二六九年），秦國攻打韓國，包圍了閼與（今山西和順）。韓國連忙向趙國請求救援。趙惠文王召來將軍廉頗，問道：「我們能救還是不能救？」

廉頗說：「去閼與的道路不僅遠，而且狹窄危險，難以出兵救援。」

趙王又召樂乘詢問，樂乘的回答和廉頗一樣。又召問趙奢，趙奢對答說：「去閼與的道路遠又狹窄危險，這好比兩隻老鼠在穴中相鬥，將軍勇敢威猛的一方能勝。」

趙王遂令趙奢率軍救援閼與，趙奢領兵出發後，在離邯鄲三十里的地方停軍不前，一直待了二十八天沒有任何軍事行動，並且增築營壘。秦軍派間諜到趙軍駐地偵察，趙奢好好地款待後把他放了回去，使秦軍認為他出兵的目的不是來救援的。

趙奢放走秦軍間諜後，突然下令全軍用兩天一夜的時間，快速行軍來到距離閼與五十里的地方，築起營壘，駐紮下來。秦軍得知消息後，也分派軍隊過來應戰。

趙軍中的軍士許歷向趙奢建議說：「秦國人沒有料到我們趙國的軍隊會來，因此，秦國前來挑戰我們的軍隊氣勢很盛，將軍您必須集結起深厚的軍陣以對抗秦軍，不然的話，我軍一定會失敗。」趙奢答應了。許歷又建議：「先佔據北山的勝利，後來爭奪北山的失敗。請您派兵搶佔北山。」趙奢又答應了，並立刻派出一萬人佔領北山。

秦軍隨後也就過來了。秦軍看到北山的制高點，也派兵爭搶，結果被早一步到達山上的趙軍打了下來。趙奢乘機率領軍隊出擊，並大敗秦軍。秦軍一個失敗導致全線的失敗，圍困閼與的部隊也急忙撤退了。趙軍成功地解了閼與之圍，隨後勝利地凱旋了。

北齊武成帝河清三年（五六四年）八月，後周宇文護派將軍尉遲迥等率領精兵十萬征伐北齊，包圍了洛陽。周軍築土山、挖地道，進攻洛陽，但攻了一個月也沒有攻克。北齊急忙派蘭陵王高長恭、大將軍斛律光率領軍隊救援洛陽，他們畏懼周軍的強盛，進軍到達洛陽的北邙山就駐紮了下來，不敢再向前推進。齊武成帝召回防備突厥人進犯而鎮守邊關的并州刺史段韶，問道：「眼下洛陽危急，想派你去救援洛陽。突厥人在北方時時搗亂，還需要人去鎮守，這該如何是好？」

段韶回答：「北方的突厥侵入我邊塞，這事如同疥癬一樣，無關痛癢。現在西方的敵人進逼，卻是我們的心腹之患，我願意聽從您的命令南去洛陽。」武成帝也正有此意，遂命段韶率領精銳騎兵一千從晉陽出發，隨後武成帝也率領一支軍隊趕往洛陽。

段韶出發五天後就渡過了黃河。當時接連數日陰天大霧，段韶率領軍隊悄悄地到達洛陽後，就立即與大將軍斛律光商議對策。

第二天一早，段韶又帶領他帳下的三百騎兵和諸位將領登上邙阪，觀察周軍的形勢，到太和谷時，與周軍遭遇。段韶派人飛馳回去告訴各個軍營，迅速集合起來。齊軍集結成陣等待周軍，段韶為左軍，蘭陵王為中軍，斛律光為右軍，與周軍形成對峙。周軍沒有料到段韶會來，都氣勢洶洶地衝過來。

段韶遠遠地對周軍說：「你宇文護欠我們的情，不能報答我朝對你的恩德，竟然起兵，今天來這裡，究竟是懷什麼意圖？」

周軍以步兵為前鋒，上邙山逆戰，段韶認為敵人是步兵，自己是騎兵，則指揮齊軍且戰且向山上退，引誘周軍上山。等到周軍力疲的時候，齊軍的騎兵立即下馬與敵短兵相接，剛一交戰，周軍就大敗潰退。周軍陣營一時瓦解，落到溪谷中淹死、跌死的很多。在洛陽城下攻城的周軍也丟棄軍營逃跑，從邙山到谷水三十里內，周軍丟棄的各種軍需物資佈滿了山坡河谷。

趙奢在與秦軍的交戰中，由於先佔據了北山高地，使秦軍形成仰攻的不利態勢，從而導致了秦軍的失敗。段韶擊敗周軍的邙山之戰，也是利用山勢，使周軍形成仰攻的不利局面。這兩次戰鬥中秦軍和周軍違犯了孫子所謂的「高陵勿向，背丘勿逆」的法則，他們的失敗是必然的。

東漢獻帝建安七年（二〇七年），劉表派劉備討伐曹操，進軍至葉（今河南葉縣）。曹操派夏侯惇、于禁、李典等率兵去迎擊。雙方對峙了幾天後，一天，劉備突然燒掉軍營後自動退兵了，夏侯惇、于禁見敵人退兵，就認為時機來了，急忙領兵追擊。李典對夏侯惇說：「敵人無故自動退兵，我懷疑敵人必定有埋伏，再說南邊的道路狹窄且草木深厚，那裡恐怕有敵人的伏兵，將軍不可追擊敵人。」

夏侯惇、于禁等人不聽，還是追了上去，果然陷入了劉備的埋伏中。夏侯惇、于禁奮力衝殺，卻衝不出劉備的包圍，曹軍遂陷入了苦戰中。李典得知夏侯惇危險，就率部隊急忙前去救援，劉備見敵人的援軍來了，也連忙撤軍，退了回去。夏侯惇、于禁及其所部才免遭滅頂之災。

唐肅宗乾元元年（七五八年），郭子儀討伐安史之亂，唐軍取得了一連串的勝利。此年十月，郭子儀率軍從杏園渡過黃河，進軍包圍了衛州（今河南汲縣），安慶緒與他的驍將安雄俊、田承嗣等帶領大軍前來救援衛州，兵分三路，來勢洶洶。郭子儀命令軍隊列陣以待，又預先選出射手三千埋伏在軍營內，並告訴射手們說：「等到我軍略微撤退，賊兵必定爭進，你們就登上城牆高呼，弓箭齊發，逼迫敵人後退。」

等到唐軍與安慶緒的軍隊交戰後不久，郭子儀就命令部隊假裝敗退，敵人果然乘機跟進。等他們追趕到唐軍營壘門前時，突然聽到唐軍軍營中鼓聲喊殺聲大起，隨即萬箭齊發，射出的箭如同下雨一樣，叛軍頓時死傷累累，安慶緒的士兵大為震駭，紛紛後退，躲避弓箭。郭子儀乘敵人混亂，馬上率領軍隊回擊，追殺敵人，結果叛軍大敗。唐軍在混戰中俘虜了鄭王安慶和，隨後乘機攻克了衛州。

劉備在葉伏擊曹軍夏侯惇、于禁部，郭子儀在衛州擊敗安慶緒，這兩次戰鬥都是使用佯敗戰術，誘惑敵人前來進攻，而失敗者正犯了孫子「佯敗勿從」的教導。

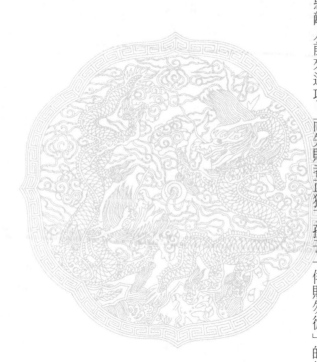

窮寇勿迫

【名言】

用兵之法，……歸師勿遏，圍師必闕，窮寇勿迫，此用兵之法也。

——《軍爭篇》

【要義】

孫子不僅從總體、戰略的角度提出了一連串睿智的思想，而且更汗重具體用兵的方法，極力追求每一次戰鬥的勝利。因此，在《孫子兵法》中有關如何用兵論述，就比比皆是。這句話的大意是：用兵的方法，……歸營的敵軍不可阻截，包圍敵人必須為其留出逃生的路線，陷入絕境的敵人不可逼迫，這就是用兵的方法。

【故事】

東漢獻帝建安三年（一九八年）三月，曹操率領軍隊在穰（今河南鄧縣）包圍了張繡。曹軍圍攻了幾個月也沒有將張繡打敗。到了五月，劉表派兵救援張繡，襲擊曹操的背後，使曹軍處於不利的地位。曹操於是想早日退兵，脫離險境。曹軍一撤退，張繡便率領軍隊追了上來，這使曹操不能大膽放心地退兵，遂步步為營，慢慢地退兵。

在退兵的途中，曹操寫信給留在許的荀彧說：「敵人前來追擊我軍，我軍每天行軍不過數里。我估計，等我軍退到安眾的時候，打敗張繡就是必然的事了。」等曹操率軍到達安眾，張繡和劉表的軍隊早已佔據了安眾一帶的險要地段，再度使曹軍處在前後受敵夾攻的不利境地。曹操率領軍隊在夜晚從沒有人防守的險要地方開鑿出一條通道，先將所有的輜重都運送過去，離開安眾，並在道路的兩旁埋伏下奇兵。

第二天天亮以後，張繡和劉表見曹操及其軍隊已經離開了安眾，認為曹操是逃跑了，就連忙率領所有的軍隊追趕。曹操則在前面已經列好陣勢，專等敵人前來受敗，同時埋伏在各處的奇兵也紛紛出擊夾攻，將張繡、劉表的軍隊打了個措手不及，大敗而退。此後，曹軍就可以平安無憂地退兵了。

七月，曹操回到許。荀彧問曹操道：「前些時候，您曾經估計敵人必定被您擊敗，原因何在？」曹操回答說：「敵人極力阻止我軍退走，從而使我軍被逼到了死亡的境地，士兵不賣力死戰就一定死亡，所以我知道我軍必勝無疑。」曹軍在撤退中被張繡等人步步緊逼，致使不能全身而退，從而激發出了曹軍戰敗敵人的決心，曹操也正利用了這一點，給了張繡等人一個狠狠的打擊。張繡的失敗也正是犯了「歸師勿遏」的忌諱。

東漢光武帝建武十九年（四三年），妖巫維汜的弟子單臣、傅鎮等人用妖言迷惑百姓謀反，聚集起了大批人馬，他們聚眾後就攻佔了原武城（今河南原陽），劫持了原武的官吏及民眾。單臣、傅鎮則自稱將軍。於是，光武帝派臧宮率領北軍及黎陽營兵數千人攻打原武，並包圍了原武。但是，原武城內糧食充足，能堅持很長時間。臧宮命令軍隊發起多次攻城的行動，一直沒能將原武攻克，相反的是在攻城中漢軍的士卒卻死傷了很多。

這一情況傳到了朝廷，光武帝遂召集眾公卿大臣、諸侯王商討平息叛亂的方略。各位大臣及諸侯王都主張：應該重金懸賞，這既可瓦解敵人，又可激勵攻城的將士，不能不說是一可行的辦法。

後來的明帝劉莊當時還是東海王，只有他一人說：「單臣等人用妖言劫持眾人，那是不能長久的，其中必定有許多人因後悔而想逃亡。但是由於我軍在城外包圍得很緊，那些想逃亡的人沒有機會能夠逃走。應該命令前方的軍隊略微緩和一下，暫時不要攻城，使那些想逃亡的能夠逃出來，他們只要逃出來，那麼一個地方的小官亭長就足以擒獲他們了。」

光武帝聽後，認為這的確是一個妙法，馬上命令臧宮不要包圍攻打原武，暫緩進攻。原武城外的壓力與危險暫時解除了，城中果然有許多人分散出城逃亡，守城的叛軍勢力一下子削弱了許多。到四月的時候，單臣等人繼續佔據著原武，臧宮遂再次發起進攻，一舉攻克了原武，並俘獲了單臣、傅鎮等人。一場暴亂終於平息了。漢軍由於正確地採用了「圍師必闕」的方針，從而使原武內的人紛紛出城逃奔，造成了原武內叛軍勢力的削弱，一舉攻克了原武，平息了暴亂。

東晉的時候，中原王朝已經退縮於江南一隅，北方廣大的地區成為各少數民族活躍的舞台。

鮮卑人經過數十年的努力已經成為中原及華北地區最有勢力的一個少數民族。鮮卑慕容氏四下擴張，不可避免地與東晉有了戰爭衝突。

前燕慕容　曾經派他的部將呂護為河內太守鎮守野王（今河南沁陽），而呂護卻暗中與東晉通好，晉穆帝遂許諾任命呂護為前將軍、冀州刺史。穆帝升平四年（三六〇年）正月，慕容　病死，太子慕容暐即位，太原王、大司馬慕容恪等輔政。前燕國內在新舊皇帝交替之際，出現了人事變動，並由此導致了內政的混亂。升平五年春，呂護想乘前燕內部混亂之機，引導晉軍襲擊前燕的都城鄴（今河北臨漳西南之鄴鎮），這一密謀隨即為燕人所發覺。慕容暐馬上派太宰慕容恪率領精兵五萬，冠軍將軍皇甫真率領一萬兵馬，共同討伐呂護。燕兵來到野王後，呂護見陰謀敗露，只好據城固守。燕護軍將軍傅顏請求馬上對野王發動猛烈的攻擊，以圖早日平息叛亂，節省軍隊在外的龐大開支。慕容恪卻說：「呂護是個老將軍，他經歷的動亂太多了。僅看他所做的防守準備，我軍就不能輕易將野王攻克。現在我軍將敵人包圍在了孤城中，斷絕他們的內外交通，城內沒有多少積蓄，外邊沒有強大的援軍，不過一百天，敵人必定自己垮了，我們何必用士卒們生命而換取一時的小利！我軍深挖溝塹，高築營壘，加強包圍力度，同時休養將士，用高官錢財收買、離間敵方將領。敵人陷入我軍的包圍中，必然力屈勢窮，內部容易出現裂痕並進一步分化；我軍還沒有疲勞，而敵人已經疲憊了。這是兵不血刃，坐而取勝的好辦法。」於是燕軍就嚴密地包圍了野王。呂護曾經派他的部將張興率領精兵七千出城挑戰，結果張興被傅顏斬殺。呂護軍隊出戰不利，更無勝敵良策，士氣低落，只好侷促在城中，坐以待斃。前燕的軍隊從三月一直包圍到了八月，野王城中守軍終於因糧盡而支撐不住了，呂護遂率領士兵衝出城來，卻被燕軍打得大敗，呂護只得撇下妻子兒女，逃到滎陽。慕容恪攻克呂護的野王之戰，採用了「窮寇勿迫」的辦法，只是將敵人圍困住，而不急於進攻，最終促使呂護隻身而逃。

圮地無舍

【名言】

凡用兵之法，將受命於君，合軍聚眾，圮地無舍。

——《九變篇》

【要義】

孫子在本篇中對於「九地」之變的複雜情況進行了說明。這句話的大意是：大凡用兵方法，將領從君主那裡接受任命後，徵集人馬編組成部隊出征後，在「圮地」不可停留住宿。所謂的「圮地」，即是孫子在《九地篇》中所說的「山林、險阻、沮澤」等一切難行之道。在圮地上停留不僅容易受到攻擊，而且也容易遭到自然災害所帶來的損害。

孫子對細微的軍事問題都有細密的觀察，他在此對行軍中應注意的地形變化及其所可能造成的嚴重後果作了充分說明。

【故事】

唐高宗調露元年（六七九年），大將裴行儉奉命率軍進擊東突厥。唐軍行至單于界北，天色已晚，部隊隨即安營紮寨，作為護防的壕溝也已經挖好了。部隊就要休息宿營了，裴行儉卻突然命令部隊到附近的高崗上重新安營紮寨。一時間，眾多的將領都不理解，裴行儉卻不聽他們的建議，堅持軍隊必須馬上轉移到高崗上。等唐軍在高崗上安營入宿休息後，夜間一場暴風雨突然來臨，唐軍原先安營的地方積水已經有一丈多深。第二天，全軍上下沒有不大為吃驚的，諸位將領就忙問裴行儉這是什麼緣故，裴行儉笑著說：「從今以後你們只管聽從我的命令，不必問我是怎麼知道的。」

裴行儉根據天氣的變化，判斷可能夜間有雨，而他們宿營的地方處在低窪之地，因此決定移師高崗，從而避免了全軍的滅頂之災。孫子「圮地無舍」的重要性在此得到了說明。

衢地合交

【名言】

凡用兵之法，將受命於君，合軍聚眾，……衢地合交。

——《九變篇》

【要義】

這句話的大意是：大凡用兵方法，將領從君主那裡接受任命後，徵集人馬編組成部隊出征後，……在「衢地」要四面結交鄰國。衢地是四通八達的交通咽喉之地，由於它交通便利，也就沒有地利上的險阻可以利用，在戰爭中比較容易受到攻擊。因此，孫子要求在師處衢地的情況下，應廣泛地結交鄰國，尋求多方的幫助，才有可能抵禦強敵的進攻。

【故事】

東漢末年，三國鼎立的局面自赤壁之戰後逐漸形成，曹操佔據了北方的廣大地區，孫吳則佔據了江南，而劉備在諸葛亮輔佐下，也得到了荊州及四川這個天府之國。荊州地處三大集團的交界地帶，它位於長江中游，沿江向上可達四川，順江而下則可威脅孫吳，向北則地接中原。因此，早在幾年前，荊州就已經成了曹操及東吳夢想中的爭奪之地。後來曹操揮動大軍南下，荊州遂為曹操所佔據。赤壁之戰後，劉備與孫權都對荊州展開進攻，最終又被劉備奪取。但是，對荊州的佔有之心，東吳和曹操向來沒有停止過。

劉備佔據荊州後，派關羽駐守。孫吳在陸口有呂蒙的重兵，他們時刻想奪取荊州。曹操則派曹仁駐守樊城，對荊州嚴加防範。雖然小戰鬥時常發生，但是決定荊州命運的戰爭卻一直沒有發生。這是由於各方面都有所顧慮所致。

到獻帝建安二十四年（二一九年），東吳的呂蒙假稱有病，讓孫權公開召回，而以沒有名氣的陸遜代替呂蒙的職務。陸遜上任後對關羽表現出極大的敬仰，這使關羽放鬆了對東吳的警惕。於是，關羽對樊城的曹仁展開了猛烈攻擊，曹操派于禁、龐德帶領三萬人前往增援。陸遜的謙恭使關羽從荊州調出精兵全力攻打曹軍。到八月時，暴雨不止，致使漢水氾濫，于禁等人所率領的七軍被大水所淹。關羽則乘機發起了攻擊，迫使于禁投降，並斬殺了龐德。關羽進而率領水軍包圍了樊城，荊州刺史胡修、南鄉太守傅方也投降了關羽。周圍各地的綠林好漢也都接受了關羽的印號，成為關羽的羽翼。關羽又派出兩支兵力深入郟下（今河南郟縣一帶），騷擾洛陽及許昌。關羽氣勢大盛，威震華夏，以至於曹操想遷都以躲避之。司馬懿、蔣濟等人勸阻說：「于禁等人的失敗是由於大水所淹的緣故，並不是在戰守上的失誤，對於國家大計還沒有造成嚴重損失。這樣就遷都，既向敵人表現出我們的軟弱，也影響淮水那一帶人民的安定。孫權和劉備，外表上親密而實際上很疏遠，關羽得志，這是孫權所不願看到的事。您可以派人勸說孫權，讓他從背後攻擊關羽，並將江南分封給他，那麼樊城之圍自然就解開了。」曹操於是聽從了。

前幾年，孫權曾經為兒子派使者向關羽之女求婚，關羽辱罵使者，不肯答應婚嫁之事，這使孫權大為憤怒，同時也使孫、劉的衝突加劇。東吳正尋找機會奪取荊州。陸遜見時機已到，遂進軍公安（今湖北公安西北），奪取了荊州。關羽最終兵敗身亡。

關羽的失敗，顯然與他沒有處理好與東吳的關係有關。荊州本是三方必取的咽喉之地，關羽妄自尊大，鄙視東吳，又猛攻曹軍，多方樹敵，最終落得兵敗身亡。孫子所謂的「衢地合交」思想，關羽顯然沒有能深刻理解。

死地則戰

【名言】

凡用兵之法，將受命於君，合軍聚眾，……死地則戰。

——《九變篇》

【要義】

這句話的大意是：大凡用兵的方法，將領從君主那裡接受任命後，徵集人馬編組成部隊出征，……進入死地就要堅決奮戰。

死地是指死戰才能生存的地形，即孫子在《九地篇》中所說的「疾戰則存，不疾戰則亡者」，在無路可走（「無所往」）的地方兩軍相爭，一旦誤入死地，是勇者勝。這時軍隊上下抱定必死的決心，拚命向前，往往能使形勢發生逆轉，從不利的處境中求得勝利的結果。

古今兵家經常以此方法化險為夷、死中求生，創造出一個個勝利的奇蹟。

【故事】

秦朝末年，由於統治者的殘暴，激起了天下人的憤怒。因此，陳勝、吳廣於秦二世元年（前二〇九年），首先舉行起義後，山東各地的六國舊勢力紛紛起兵，天下一片混亂。

項梁自江東起義後，率八千子弟渡江，勢力發展迅速。秦二世三年（前二〇七年），秦將章邯在接連擊敗各地的起義軍後，又在定陶（今山東定陶西北）大敗項梁，並且殺死了項梁。楚懷王對此十分恐懼，便從盱眙（今江蘇盱眙）來到彭城（今江蘇徐州），又把項羽及呂臣的軍隊，都收歸自己統率。

章邯擊敗項梁後，錯誤地認為楚地的起義軍不足為慮，於是率領大軍渡過黃河去進攻趙國。章邯乘勢又大敗趙國的軍隊，趙王趙歇、大將陳餘、相國張耳等退入鉅鹿城（今河北鉅鹿）。章邯派王離和涉閑兩人領秦軍包圍了鉅鹿，章邯自己則駐軍鉅鹿之南，修築甬道，從甬道中運輸糧草。趙國形勢十分危急。

楚懷王任命宋義為上將軍，封項羽為魯公、次將，范增為末將，其他一些副將都歸宋義指揮，出兵救趙。楚軍行至安陽（今河南安陽）後，宋義在此停留了四十六天，不再前進半步。項羽向宋義建議進軍，宋義不答應。項羽殺了宋義，軍中諸位將軍遂擁戴項羽做了假上將軍，又派人向懷王稟報，懷王因此任命項羽為上將軍。當陽君英布和蒲將軍也都歸為項羽的部下。項羽派當陽君和蒲將軍兩人率領兩萬人渡過漳河去救鉅鹿。他們兩人小有勝利，趙將陳餘又請項羽多多派兵，項羽便領全軍渡過漳河。過了河以後，項羽命令把船都敲破，沉入水中，把做飯的鍋和蒸飯的瓦甑（甑音ㄗㄥ）也都敲破，又把行軍的帳棚都燒掉，每人帶著三天的糧食，用以向士兵們表示，如不能戰勝，就只有死亡，絕無退還的可能，因此士兵們都懷有必死之心。

楚軍一到鉅鹿，就包圍了王離。楚軍勇猛作戰，九戰九勝，斷絕了秦軍的甬道，大敗秦軍。楚軍殺死了秦將蘇角，俘獲了王離。涉閑不肯投降，遂引火自焚而死。在這場大戰中，楚軍勇氣百倍，冠於所有的諸侯援軍。諸侯軍紛紛前來救援趙國，他們在鉅鹿城外築起了十幾個大營壘，但

卻不敢出兵與秦軍作戰。等到楚軍攻擊秦軍的時候，各路諸侯的將軍都躲在壁壘上觀望。這時的楚國士兵，人人勇猛向前，沒有不以一當十的。楚軍作戰的時候，高聲呼喊叱吒，聲震天地。諸侯軍即使在壁上觀望，也沒有不驚駭萬分、恐怖畏懼的。楚軍的勇敢作戰又進而迫使章邯投降。秦朝在東方的主要兵力被項羽消滅了，秦朝的滅亡就只是時間早晚的問題了。

鉅鹿一戰，楚軍自己抱定陷入死地的決心，斷絕了自己的一切後路，故能使士卒在與秦軍作戰時人人奮勇當先，以一當十，九戰九勝。「死地則戰」的意義在此一戰中得到了極好的印證。

半濟而擊

【名言】

絕水必遠水；客絕水而來，勿迎之於水內，令半濟而擊之，利。

——《行軍篇》

【要義】

這句話的大意是：橫渡江河之後一定要遠離水流；敵人渡水而來，不要迎擊敵人於水中，讓敵人渡過一半時去攻擊它，這對我軍有利。孫子在本篇中強調了各種地形及行軍中應注意的事項。如何利用河水製造勝機，使水對敵人形成危害，早在春秋時就已經為人所認知。孫子總結了以往的戰爭經驗，在此提出了「半濟而擊之」的軍事行動方案，對具體在有河流的情況下作戰有重要的指導意義。

【故事】

在楚漢戰爭中，韓信於漢三年（前二〇四年）平定了趙地，立張耳為趙王。此時漢王劉邦在與項王的交戰中一再失利，劉邦從成皋東渡黃河，在一天的早晨自稱漢使者，馳入了趙軍營中。當時張耳、韓信還沒有起床，劉邦直接進入他們的營帳中，從床上奪取了張耳、韓信兩人的印信軍權後，命令張耳留守趙地，拜韓信為相國，徵集趙地軍隊，由韓信帶領出兵攻齊，從側翼打擊項羽。

在此之前，劉邦已經派使者酈食其到齊國，勸說齊王田廣跟從漢王。齊王也知道韓信已經攻下趙國，收服燕國，兵鋒正指向自己。在權衡利弊後，他同意了漢使的要求，每天與酈食其縱酒為樂，認為韓信不會攻擊自己了，從而忽略了對漢軍的防備。韓信率領軍隊東向行進到黃河，來到平原津，還沒有渡河，聽說漢使者酈食其已經勸說齊國成功，就想停兵不再攻打齊國。

這時，一直跟隨韓信的范陽辯士蒯通說：「將軍您受漢王的詔命攻擊齊國，而漢王又派出使者說降了齊國，難道有新的詔命來命令將軍您停止進攻了嗎？還是有什麼原因使您不再前進了？況且酈生只是一介文弱書生，憑藉他的三寸不爛之舌，收服了齊國七十多座城池，而將軍您帶領數萬兵馬，經過一年多才收服了趙國五十餘座城池。您為將軍已經多年了，反而不如一個『豎儒』立的戰功多嗎？」於是，韓信堅定了攻齊的決心，聽從蒯通的計謀，命令軍隊迅速渡過黃河，進攻齊國歷下（今濟南）的軍隊。漢軍一戰而勝，遂進軍至臨淄城下。

韓信軍的突然到來，使齊王田廣認為是酈食其出賣了自己，一怒之下就把酈食其烹殺了。田廣收拾殘軍逃到了高密（今山東高密），同時派出使者到項羽那裡求援。韓信平定臨淄後，也親率大軍追趕田廣到了高密西。此時，楚也派出號稱二十萬的大軍，由龍且帶領，前來救援齊王。齊王田廣與龍且的軍隊會合起來準備與韓信交戰。

在兩軍交戰之前，曾經有謀士對龍且建議說：「漢兵遠道而來，人人拚死戰鬥，其鋒不可阻擋。齊、楚軍隊在自己的領地內戰鬥，士兵容易潰散。如果是這樣的話，我軍就不如加深營壘，不與韓信交戰，同時讓齊王派出信臣到各地招集那些淪陷城池中的人員，他們聽說齊王還在，又有楚軍前來救援，一定會在各地反叛漢軍。漢兵深入兩千里來到齊地是處於客軍的位置，如果齊國各地的城池都反叛了漢軍，漢軍勢必得不到糧食，那時就可以不用戰鬥而迫使漢軍投降了。」

龍且卻說：「我向來知道韓信的為人，他是容易對付的。況且我軍前來救援齊國，如果不戰而使漢軍投降，我軍又有什麼功勞？如果經過戰鬥而勝了漢軍，我們就會得到半個齊國，為什麼不與敵人交戰呢？」

龍且遂部署部隊與韓信夾濰水列陣。韓信連夜派人製作了上萬個布袋，都盛滿沙子，然後用沙袋將濰水的上游堵塞。韓信帶領軍隊渡過濰水攻擊龍且，假裝不能取勝，又領軍敗退。龍且見韓信兵敗，十分高興地說：「我本來就知道韓信膽怯。」遂急忙率領軍隊追趕韓信。楚軍在追趕中不知不覺地渡過了濰水，韓信派士兵將上游的沙袋挖開，大水突然而至，將那些正在渡河的楚軍沖散了。龍且及其先遣軍隊已經渡過了濰水，而其大半軍隊還沒有渡過河。韓信乘機回軍攻擊楚軍，在混戰中殺死了龍且。濰水以東的楚軍見主將已死，就各自潰散逃亡，齊王田廣也逃走了。韓信帶領軍隊追擊敵人，一直追到城陽，將楚軍全部俘虜了。韓信最終平定了齊地。

楚漢濰水之戰，韓信依據當時的敵情和地形條件，秘密派人乘夜用沙袋將濰水上游堵住。在與楚軍交戰中又佯敗引誘敵人前來追擊，等楚軍渡河渡過一半的時候，突然放水，大水遂將楚軍分成兩部分，並引起了楚軍的極大混亂。韓信乘楚軍混亂之際，指揮軍隊迅速消滅了濰水西的楚軍，並斬殺了楚軍將領龍且，然後渡河追擊已經潰散的河西楚軍，將楚軍全部俘獲。此戰中，韓信正是巧妙地運用了孫子所提出的「半濟而擊」的戰法。

辭卑而益備者進也

【名言】

辭卑而益備者，進也。

——《行軍篇》

【要義】

這句話的大意是：敵人的來使言辭謙卑，而敵方卻在抓緊加強戰備，這是敵方在準備進攻的前兆。孫子在本篇中對行軍戰前的種種跡象，包括自然地理條件、敵方的種種表現等，都作了仔細的觀察。在仔細觀察的基礎上，孫子進而進行了判斷，這些判斷成為兵家伺機勝敵的秘訣。

孫子在此提示：兩軍在進入戰前的相持階段時，敵人如果突然表現出軟弱跡象，其背後必有陰謀，那是敵人發動攻擊的先兆。

【故事】

戰國後期，齊國和燕國曾經爆發過幾次大規模的戰爭。起先燕國內部由於子之之亂，給齊國可乘之機，齊國幾乎滅亡了燕國。燕昭王即位後，時刻思謀復仇。他禮賢下士，廣招人才，積蓄力量，改革內政，使燕國從滅頂之災的沉重打擊後，迅速恢復了國力與軍事實力。而此時的齊國也正是在齊湣王的帶領下走向歷史的強盛巔峰，在給燕國嚴酷打擊後，又南敗楚相唐昧於重丘，西敗三晉於關津，並與三晉聯合向西攻打秦國，又北助趙國消滅中山國，進而滅亡了宋國。

一時間，齊作為一個東方大國，地廣千里，傲視群雄。齊國連年征戰，內部已經是百姓疲憊，不堪忍受，民怨沸騰；外則其他國家深怕下一個被滅亡的命運會突然落在自己頭上。就在這種情況下，燕昭王派樂毅出使趙國，聯合趙國共同出兵攻擊齊國。趙國甚至把相印也給了樂毅。同時，燕昭王還派遣使者到楚、魏、秦等國聯繫，各國紛紛同意出兵。在燕昭王二十八年（前二八四年），一個由燕國為首的六國聯合軍團組成，在樂毅的帶領下，向齊國發起進攻。聲勢浩大的聯軍在濟西一舉擊敗前來迎戰的齊國軍隊。聯軍的任務完成後，其他國家的軍隊就打道回國了，而燕國的軍隊則在樂毅的帶領下繼續追擊齊軍，一直打到齊國國都臨淄。樂毅在齊國五年，攻下大小城市七十餘座，而只有莒和即墨沒有被攻下。

燕昭王在位三十三年而死，其子惠王即位（前二七九年）。惠王做太子時就與樂毅不和，齊國即墨守將田單利用這一點，巧用反間計，使燕惠王改派騎劫代替樂毅。樂毅只好投奔趙國，燕國士氣也受到了影響。田單利用各種可能的機會加強戰備，鼓舞士氣。他令即墨城中的人吃飯時一定先在庭院中祭祀祖先，豐厚的食物引來了各種飛鳥覓食，這使燕人深感驚奇，以為齊人得到了神的保護。田單繼續利用反間計，使燕國士兵割掉齊軍俘虜的鼻子，掘開城外齊人的墳墓，焚燒墓中的屍骨。即墨的齊國軍民在城牆上看到燕軍的暴行後，既害怕被燕軍俘虜，也為先人的屍骨被辱而痛恨得人人淚流滿面。即墨軍民被燕軍的暴行激怒得人人義憤填膺，怒火中燒，都渴望與燕軍作一死戰。

田單知道士卒可以使用了，就到士卒中間去，與士卒一同操練，又把

妻妾也編於行伍之間，將食物分散給廣大士卒，以進一步激勵士氣。同時，田單又命令精兵甲卒都藏匿起來，讓老弱和女子守城，給燕軍齊軍不堪一擊的假象，然後派遣使者出城與燕軍商議投降事宜。燕軍聽說齊人即將投降，五年多的沙場征戰就要結束，人人興高采烈高呼萬歲，因而懈怠情緒就瀰漫開來了。田單又募集民間財物，得金千鎰（一鎰二十兩或二十四兩），派即墨的富豪將募集來的財物送給燕國將領，並且說：即墨就要投降貴軍，希望大軍不要擄掠我們的妻妾兒女和財物，希望大軍保佑我們平安。燕國將領聽後十分高興，並答應了他們的請求。燕軍上下就等敵人投降了，因此防備更加懈怠。

田單又收集城中一千多頭牛，在牛身上纏裹深紅色的衣物，並畫上五彩龍紋，牛角綁著尖利的兵刃，牛尾巴上束有噴過燃油的草把。在一個漆黑的夜晚，田單命令在城牆上挖開幾十個洞，把牛趕出城外，點燃牛尾巴。憤怒的火牛奔向燕軍大營，五千餘名齊軍精兵尾隨其後。燕軍大驚，牛角利刃所及，非死即傷；牛尾火光明亮，牛身五彩斑斕，燕軍以為天神來了，鬥志盡失，大敗而逃。齊軍五千勇士尾隨火牛進擊拚殺，即墨城中老幼鼓譟相從，聲動天地。燕軍大敗，燕將騎劫也被殺死。齊人一鼓作氣，追亡逐北，不僅把燕軍趕出了齊國，而且收復了燕軍佔領的七十餘城。

此戰中，田單利用反間計使燕軍將領樂毅被騎劫替換。騎劫也一再中其計謀，割俘虜的鼻子，挖齊人的墳墓，激發了即墨軍民的鬥志。田單加強戰備的同時，又派使假降，使

燕軍信以為真，從士兵到將軍都放鬆對齊國軍隊的警惕。田單利用燕軍等待敵人投降的時機，巧佈火牛陣，一舉擊潰燕軍。而燕軍面對圍攻了五年之久的敵人，不仔細分析其中的陰謀，輕信敵方的投降，致使全軍上下防備鬆懈，結果在齊軍的突襲下，束手無策，將死軍敗，一潰千里。孫子所謂的「辭卑而益備者，進也」，由田單的實踐給予了生動的說明。

辭強而進驅者退也

【名言】

辭強而進驅者，退也。

——《行軍篇》

【要義】

這句話的大意是：敵人如果言辭強硬而又來勢洶洶，表明敵人要撤退了。戰爭在多數時候固然是以交戰決定勝負，分出輸贏，因此軍隊雙方都有作戰的決心。然而，事物的複雜性卻使問題並非如此簡單，必須對敵人的種種反應作出準確的判斷，才不至於盲目行動。孫子對軍情的觀察是仔細入微的。他對軍中種種細微情況的觀察，是來自實踐經驗，因此具有極強的實用性。

【故事】

春秋末年，諸侯們爭霸的中心從中原地區轉移到了東南的吳、越兩國。吳國在接連擊敗楚國和越國後，吳王夫差爭霸天下的決心就顯露無遺了。

吳國擊敗越國後，越王勾踐身入吳國為奴。同時，他在大夫文種、范蠡等人的輔佐下，臥薪嘗膽，經過十年生聚、十年教訓，國力漸漸恢復了。越國極力慫恿吳國北上爭霸。在越王的鼓動下，夫差爭霸的雄心終於不可阻擋，以至於伍子胥盡力勸諫吳王多提防越國的險惡用心，反而使吳王逼迫伍子胥自殺。越王又不失時機地派出一支軍隊，協助吳國北上爭霸。

吳王夫差十四年（前四八年），吳國在多次北征後，又一次出兵北上，吳王與晉定公、魯哀公、周卿士單平公會於黃池（今河南封丘西南）。

而此時的越國，乘吳國主要兵力北上爭霸、國力空虛、民不聊生之機，起兵攻打吳國。勾踐派范蠡、舌庸帶領一支軍隊沿海路進入淮河，以斷絕前方吳軍的歸路。越國的主力則直接攻打吳國，擊敗並俘獲了吳國的太子友，進而攻入吳國都。

吳國後方失利的消息傳入吳王的耳中時，吳王正與晉國爭論究竟誰為霸主。夫差不想讓軍中知道越國反叛、國內失利的消息，但是這一不祥的消息還是在軍中流傳了開來。吳王憤怒之下，將來報信的七名使者全部殺死。吳王對後方的失利心中也極為害怕，就召集大夫們商議對策。他說：「越國沒有信義，背叛了我國。現在我軍遠離祖國，不能及時回去救援。我軍不參加與諸侯們的盟會而回國，還是參加盟會卻讓晉國做盟主，哪一種情況有利？」王孫雒說：「危急時刻就不要論資排輩了，我冒昧地先說我的看法。大王剛才說的兩種情況對我們都不利。越國反叛的消息如果大家都知道了，我們的民眾因此懼怕而逃散，我軍在外沒有合適的歸處。齊國、宋國、徐國和東夷就會說：『吳國已經被越國打敗了。』他們就會沿著運河攻擊我，那麼我軍就沒有活路了。如果會盟而讓晉國佔先，那麼，晉國就執諸侯們的權柄以逼迫我，那將成就了晉國覲見天子的志向，而我方卻不能朝見天子，所以就這樣離去又不甘心。再說消息如果進一步擴散，我方的軍民就都叛離了。我方一定要參加會盟並且先於晉國歃盟。」

吳王進一步詢問詳細辦法，王孫雒說：「危險的事情不能轉化為平安，必死之事不能轉化為生還，那麼崇尚智慧就沒有用了。人們厭惡死亡而渴望富貴並以此終老，這種心理和我們是一樣的。雖然如此，晉人靠近他們的國家，有快速回家的可能；我們路途遙遠，沒有回轉的可能。晉國哪能以必死之心和我們相爭！侍奉君王勇而有謀，現在正是運用勇和謀的時刻。今天晚上我軍一定要向晉軍挑戰，以此激勵軍心。請大王您鼓勵士兵，激起他們的鬥志。以高爵重財勸勉他們，準備嚴刑對待那些沒有鬥志的，使人人有必死之心。

晉國將不會與我作戰而讓我方先誓盟，我國既然執諸侯們的權柄，就以年成不好，不去責備諸侯們對天子和霸主的貢賦了，然後先讓諸侯們回國，他們一定十分高興。等諸侯們都回到自己的國家，大王您再慢慢地起行，然後回到吳國。」吳王答應了。

到了這天晚上，吳王發布命令，軍中戒嚴，餵飽戰馬，犒賞士兵。半夜時分，吳軍就集合起來，部署軍陣，每一百人為一行，行頭為官師，十行設一大夫，百行設一將軍，百行萬人為一方陣。如此共有三個方陣，中間的全是白色，吳王親自執鉞立於陣中；左陣全是紅色，右陣全是黑色。吳軍現出了一副進攻的架勢，直到雞鳴的時候才部署妥當。吳軍部署就緒後，來到距離晉軍一里遠的位置，這時天剛剛有點微明。吳王拿起鼓槌敲鼓，吳軍的種種能發出聲響的東西一齊鳴響，三軍上下又一齊吶喊，聲音震動天地。

晉軍在突然襲擊下，大為害怕，不敢出營一步，只有在軍營內嚴密防守。晉定公派董褐出營詢問發生了什麼事，吳王就說：「天子有命令：周王室因為沒有進貢之物，以至於不能祭祀上帝鬼神。沒有一個姬姓侯國去救助王室，所以王室派人來告訴我這些情況。我時時刻刻臣服於貴國，貴國卻對王室的遭遇無動於衷，不去征伐戎、狄、楚、秦等輕視王室的部落國家；貴國又不遵長幼之節，卻盡力征伐那些同姓兄弟國家。我希望守住先君的班爵位次，進不敢超過先君，退也不能不及先君。現在盟會的時日緊迫了，我恐怕事情辦不成，被天下諸侯恥笑。我侍奉貴國在今天，不能侍奉貴國也在今天。」董褐即將回去的時候，吳軍中有六人出來向晉國請罪，一起在董褐的面前自刎了。

董褐向晉定公報告以後，又對趙鞅說：「我觀察吳王的面色，似乎他有巨大的憂慮，從小處上說愛妾、嫡子死亡，不然就是國內有叛亂；從大處上說則是越國侵入了吳國。吳人現在十分暴虐，不可與他們決戰。您可以允許吳國先盟，不要等待危險的來臨。」

晉人馬上答應了吳國的要求，吳國在會盟中得到了先盟的權力，吳王夫差終於成了一代霸主，只是時間很短暫而已。

吳國這次北上爭霸，外有強晉相爭，內有越國的反叛，為了盡快結束會盟，早早趕回去與越國決戰，便虛張聲勢，「辭強而進驅」，從而達到了先盟而退兵的目的。

令之以文，齊之以武

【名言】

卒未親附而罰之，則不服，不服則難用也。卒已親附而罰不行，則不可用也。故令之以文，齊之以武，是謂必取。

——《行軍篇》

【要義】

這句話的大意是：士卒還沒有親近服從就以嚴刑對待他們，他們不會心服，不心服就很難用他們。士卒已經親近服從而不能嚴格執行軍紀，也無法用他們作戰。所以要用文的手法來管理他們，用武的法紀使他們齊整，這樣才是必勝的軍隊。士兵與軍事指揮官的關係必須協調一致，將官發出的命令，士兵能夠忠實執行，這樣的軍隊才能做到戰則必勝。如何做到這一點，孫子在此提出用「文」、「武」兩手的管理辦法。時至今日，孫子的辦法仍有其意義。

【故事】

周襄王十六年（前六三六年），晉國公子重耳經過十九年的流亡，終於回到晉國執掌大權，成為幾乎與桓公齊名的晉文公。重耳在外多年的奔波，使他有了爭霸天下的決心，而且跟隨他的那些大臣，也都是一些精英式的人物。再說，晉國自重耳逃難時，就開始陷入了政治紛爭，近二十年間，幾乎沒有停止過。就在重耳回到晉國後，國內的反對派還發動了一場政變，重耳借助秦國的力量才把政變平息了。秦國又給重耳三千警衛部隊，以防不測。

晉文公為了爭霸中原，首先安定國內政治，安撫百姓。他會見百官，任用有功人員，授給他們職權；廢除以前的舊債，收取輕微的賦稅，分給沒有財物者財物；救濟在困境中的人，資助沒有財力的，輕關稅，除盜賊，使道路通暢，有利於商業活動，對農民實行寬政方針；鼓勵農耕，勸勉富有的分給沒有的，國家儉省開支，儲備糧食以預防災害；開發各種用具，昌明德教，敦厚民風，舉拔賢能，設立常官以定百事；正上下的名位，尊崇善良，明確舊家故族，親愛親戚，表彰賢良，尊崇重臣，賞賜有功勞的，侍奉禮遇國老，善待外來賓客，友善故舊。胥、籍、狐、箕、欒、郤、柏、先、羊舌、董、韓等家族，掌握朝廷近官。各姬姓家族中的賢良，為朝廷的內官。異姓中的賢能人士，在各縣鄉為官。國君吃各處貢獻的食物，大夫吃他自己食邑中所產的，士從公田中領取食物，庶人憑他自己的力氣吃飯，百工和官商憑自己的職業生活，皂隸（衙門裡的當差）食俸祿，家臣食大夫的加田。經過這一連串的政治經濟措施，晉國迅速進入了安定、發展中，國內政治平穩，人民安居樂業，各種財物不虞匱乏。這種方針實行了一年後，晉文公就想用百姓，爭霸天下。子犯就說：「民眾還不知什麼是義，他們還沒有完全安頓下來。」當時周王室發生內亂，周襄王派使者來告難，晉文公乘機出兵周室，平息了周室內亂，重新確立了襄王的天子權威。周襄王為報答晉文公的保駕之功，遂賞賜給晉文公南陽之地八個邑。

晉國軍隊在完成使命後，馬上回到了國內，文公繼續施行有利於民生的政策。晉文公又想用百姓去爭霸。子犯又說：「人民還不知道信義，還不能使用他們。」當時，周天子賜給晉國的南陽八個封邑，其中還有一個名原的邑不願歸順晉國。晉文公就乘機討伐原，以向人民表明信義。晉文公下令，攻打原的軍隊只帶三天的糧食，若三天攻不下來，也就不攻了。三天後，原還沒有投降也沒有被攻破，晉文公又下令軍隊撤離。當時混進原的晉軍間諜急忙出來對晉軍說：「原不過再一兩天就可以被打下來了。」那些軍官們又將這一情況報告給晉文公，晉文公遂說：「打下了原而失去信義，我如何還能使用民眾？信義，那是民眾所依賴的，不可失去它。」晉軍最終還是在信義的支配下離去了。他們走了三十里，來到一個叫孟門的地方。此時，原的居民也知道了晉軍的一些情況，得知晉文公是信守信義的，便請求投降了。

經過這幾次的行動，晉國的民風大有好轉。人們在交易的時候，並不漫天要價，而是直接說出其價錢。晉文公得知這一情況後，雄心又蠢蠢欲動了，他就又問：「現在這樣可以了嗎？」子犯回答：「人民還不知禮，他們還沒有恭敬之心。」於是，晉國舉行大規模的軍事練習，向百姓表明禮，又設立管理秩序的官員以規範官員們的行為，人民聽從命令而不困惑。到這種地步，晉文公才放心地使用他的民眾。到晉文公四年（前六三三年），楚國多日圍攻宋國，宋國向晉國告急，晉文公便率領軍隊出戰，在城濮一戰擊敗楚國名將子玉，從而成為霸主。

從晉文公用兵稱霸的情況看，他對民眾的教化是有文有武，做到了「令之以文，齊之以武」，贏得了國人的認同，從而成就了霸業。

地形者，兵之助也

【名言】

夫地形者，兵之助也。料敵制勝，計險阨遠近，上將之道也。知此而用戰者必勝，不知此而用戰者必敗。

——《地形篇》

【要義】

這句話的大意是：地形，是用兵的輔助條件。判斷敵情，奪取勝利，估計地形的險易和道路的遠近，這是主將的職責。知道這些去指揮作戰的就一定會勝利，不知道這些去指揮作戰的就一定會失敗。孫子對軍中的主帥，一直有很高的要求。他賦予了主帥國之安危、兵之勝敗的重任，因此要求主帥一定要對敵我雙方有詳細的瞭解，並且對戰場的地形也有詳明的瞭解，這樣才能做到料敵制勝，出戰必勝。

【故事】

北魏孝明帝時期（五一六—五二八年），柔然部落在孝明帝正光四年（五二三年）由於災荒而起兵南下，在北魏的北部造成了極大的動亂。當時，魏懷荒鎮（今河北張北）的鎮兵因為請求發放糧食而得不到許可，便殺掉鎮將起義。不久，沃野鎮（今內蒙古五原東北烏加河北）的鎮兵破六韓拔陵也聚眾殺死鎮將起義，北方六鎮一帶的各族人民紛紛響應。破六韓拔陵領兵南下，派部將攻克了懷朔鎮、武川鎮（今內蒙古武川西）。北魏多次派出軍隊征討，卻都是以失敗而告終，反而使破六韓拔陵的聲勢更加強大。

到正光六年，北魏不得不使用柔然部落的兵力攻打破六韓拔陵。柔然王阿那　在得到了魏的軍事物資援助後，率領十萬軍隊從武川西向沃野進軍，接連擊敗破六韓拔陵的軍隊。同時，魏又派廣陽王元深出兵攻打破六韓拔陵。

而破六韓拔陵卻率領軍隊將廣陽王包圍在五原（今內蒙古包頭西北），並且圍攻得十分激烈。魏軍中的一位將軍賀拔勝臨時從軍中招募了兩百勇士，打開城東門出城與破六韓拔陵的軍隊死戰，結果殺死了義軍一百多人，這才迫使圍城的義軍稍微後退了一些。廣陽王元深隨即帶領大部隊從五原向朔州（今山西朔縣西南）撤退。

在破六韓拔陵的號召下，各地的起義軍又紛紛跟了上來。魏軍中掌管禁防的一名參軍于謹對元深說：「現在各地盜賊蜂起，我們不能一味地專用武力戰勝他們。我想奉您的命令，出去以禍福勸說他們，或許稍微能使他們離心。」元深便答應了。于謹通曉北方許多部落的語言，他單身獨騎來到義軍營中，會見他們的酋長，開誠佈公地講明魏的條件，於是西部鐵勒的酋長乜列河等率領三萬多戶南下歸附於元深。元深想率領軍隊前去迎接，于謹又說：「破六韓拔陵的兵勢還是很強大，他聽說乜列河等人投降，必然率領軍隊來攻擊乜列河，如果讓破六韓拔陵先佔據了險要的地形，就不容易對付了。不如先以乜列河作為誘餌，我們埋伏好伏兵等待破六韓拔陵前來攻擊，那時我軍一定能擊敗破六韓拔陵的軍隊。」元深同意了于謹的建議。破六韓拔陵果然出兵襲擊乜列河，並全部俘虜了他們。但是，埋伏在一旁的魏軍也乘機發起攻擊，將破六韓拔陵打得大敗，又全部奪回了乜列河失散的部眾。

魏廣陽王元深攻擊破六韓拔陵這一戰，于謹在判斷敵情、選擇有利的伏擊地點上，算計準確，料敵制勝，從而使魏軍取得了勝利。

視卒如愛子

【名言】

視卒如嬰兒，故可與之赴深溪；視卒如愛子，故可與之俱死。

——《地形篇》

【要義】

這句話的大意是：對待士卒就像對待嬰兒一樣，就可以與他們共赴深溪去冒險；對待士卒就像對待愛子一樣，就可以和他們一起去拚死。兵家軍紀嚴明，似乎給人冷酷無情的感覺，更由於他們拚命於疆場，天天與死神打交道，心腸也似乎變硬了。其實不然，兵家也有慈愛的一面。孫子要求「視卒如愛子」，就是從傳統社會宗法組織結構出發，使將帥與士兵之間建立起感情的聯繫，贏得士兵們的擁護。「得人心者得天下」、「天時不如地利，地利不如人和」，這些古語都道出了人心的向背在戰爭中的決定性作用。而兵家對此也有深刻的體認。

【故事】

戰國時，一代名將吳起帶領士兵，總是與最基層的士兵一起吃飯、休息。吳起在休息時，自己也不單獨一個營帳，而是與士兵同營居住；在行軍時，他也不騎馬，而與士兵一塊行軍，並且親自背負糧食，和士兵同甘共苦。凡是要求士兵所應做的，吳起處處都以身作則。

一次，一名士兵生了癰疽，都化膿了。吳起就親自為這名士兵用嘴吸膿。這個士兵的母親聽說了這件事，就哭了。有人問她：「妳的兒子只是個普通的士兵，而吳起是將軍，他親自為妳的兒子吸膿，妳為什麼要哭泣呢？」這位母親就說：「想當年，孩子的父親也是在吳將軍那裡當兵，吳將軍曾經為他父親吸過疽。他父親為報答吳將軍的恩情，就在戰場上頭也不回地衝了上去，與敵死拚，再也沒有回來，最終戰死在戰場上。現在吳將軍又為這個孩子吸膿。我不知道他將要死在什麼地方了。」

三國末年，晉王濬任巴蜀太守。當時，巴蜀正與東吳相鄰，是戍邊攻防的戰略要地。在此戍邊的士兵十分辛苦，以致成為最苦的徭役，從而使許多人生了男孩後竟然不養活。

王濬針對這種情況，制定了一些嚴厲的措施，禁止棄養嬰兒。同時，他又放寬那些撫養嬰兒者的徭役，凡是家中生育嬰兒的，就免除他們數年的徭役，使他們能夠有能力撫養後代。這樣，僅僅是在巴蜀一郡，就多養活了數千名男孩。到晉武帝咸寧五年（二七九年），王濬統帥晉軍攻打吳國。原先在巴蜀所養活的那些男孩，此時都已經長大成人了，正好可承擔軍隊的徭役，他們的父母就送他們去參加王濬的伐吳行動，並且說：「是王公養活了你們，你們一定要努力，不要害怕在戰場有死傷。」

吳起愛兵如子，千百年來一直被傳為佳話。同時，晉朝的王濬關心、愛護百姓，也得到了百姓們的真誠回報。

知彼知己，知天知地

【名言】

知彼知己，勝乃不殆；知天知地，勝乃可全。

——《地形篇》

【要義】

這句話的大意是：瞭解敵人也瞭解自己，勝利就沒有危險；知道天時又知道地利，勝利才可保完全。孫子在其兵法中多次提到要「知彼知己」，不僅如此，而且還要求「知天知地」。這即是說，作為影響戰爭的三個重要因素：人（己與彼）、天（天時與氣候）、地（地利），對每一位優秀的軍事家而言，都應有全面的瞭解，才能確保戰爭的勝利。

【故事】

東晉安帝義熙五年（四〇六年）三月，劉裕要求征伐南燕慕容超，大臣們對此展開議論，多數人認為不可行，只有左僕射孟昶、車騎司馬謝裕、參軍臧熹認為必定成功，並激勵劉裕出兵。劉裕從建康（今南京）出發，率領船隊從淮水進入泗水。

五月，晉軍來到下邳（今江蘇邳縣西南），留下船艦和輜重，然後步行進軍來到琅琊（今山東膠南琅琊台西北）。晉軍經過的路上，修築了許多城池，並留下部分軍隊守護。有人對劉裕說：「燕人如果堵塞住大峴山（今山東沂山穆陵關）這個關口，或者採取堅壁清野，我軍一旦深入敵人內部，不僅無法建立功績，而且也不能安全地回來，那時怎麼辦？」劉裕說：「這事我已經考慮很久了，心中也了然有數。鮮卑人貪婪而不知滿足，不知道長遠地謀略，他們進攻的時候以俘獲人、物為利，後退防守的時候又愛惜禾苗。他們還會認定我軍是孤軍深入，不能持久。我的推測是敵人前來阻擋，不過只是進軍到臨朐（今山東臨朐），退守也只是固守在廣固（今山東青州），敵人一定不會守在險關、堅壁清野，我敢向諸位保證這一點。」

南燕聽說晉軍將至，就召集群臣商議應對方案。征虜將軍公孫五樓認為：「東晉的軍隊英勇果敢，利在速戰，不可與敵人對抗。應該佔據大峴險要地勢，使敵人不能進入，拖延時日，挫敗敵人的銳氣，疲勞敵人。然後選出兩千精騎，沿海南下，阻斷敵人的運糧路線，再以駐守梁父（今徂徠山南）一帶的兗州軍隊，沿山東下，側擊敵人，對晉軍形成腹背夾擊之勢，這是上策。如果命令各地的官員各自憑險固守，準備齊他們足夠用的物資後，其餘的全部焚燒掉，鏟除田野中的禾苗，使敵人得不到任何的利用，晉軍沒有糧食，又得不到作戰的機會，不出一個月，敵人就會不戰自敗，這是中策。放縱敵人進入大峴，我軍出城迎戰，這是下策。」

慕容超卻說：「現在歲星正在齊地，從天道上推算，我方不用作戰就能戰勝敵人。客與主的態勢又不同，從人事方面說，晉軍遠路而來自然征途疲憊，勢必不能持久。我有廣大的土地，擁有眾多的民眾，鐵騎萬匹，麥苗佈滿了原野，怎麼能鏟除禾苗遷移百姓，先自己表示軟弱！不如讓敵人進入，我再以精騎攻擊敵人，何必憂慮不能戰勝敵人呢？」

其他一些大臣也紛紛勸阻，輔國將軍賀賴盧苦苦進諫，而慕容超卻聽不進去。賀賴盧退下來對公孫五樓說：「如果按陛下的戰略，我們死日不遠了。」

太尉慕容鎮也勸說：「陛下必定認為騎兵利於平地作戰，就應該出兵大峴迎戰敵人，如果作戰不勝，還可以退守。不應縱敵深入，自動放棄險要地勢。」這一合理建議也沒有被採納。於是，南燕將駐守在莒縣、梁父的軍隊撤回，修築城池，整頓兵馬，等待東晉軍隊的到來。

劉裕率領軍隊順利地通過了大峴，沒有碰到一名南燕的士兵。劉裕用手指著上天，喜形於色，高興極了。左右的人就問他：「將軍您還沒有看見敵人就先高興起來，這是為什麼？」劉裕說：「我們已經通過了最危險的關口，士兵們都有了必死的決心，而且糧食都在田野裡，我們就沒有缺乏糧食的問題，敵人的命運已經在我的掌握之中了。」

慕容超起先派公孫五樓、賀賴盧及左將軍段暉等率領步兵、騎兵五萬屯守在臨朐，他聞聽晉軍已經進入了大峴，也親自率領步兵騎兵四萬繼後，命令公孫五樓等領騎兵進發佔據臨朐南面的巨蔑水（今彌河），以控制水源。及至，卻為晉軍的前鋒孟龍符擊敗，公孫五樓等只得後退。劉裕乘機進發，他以四千輛車構成兩翼，和燕兵主力在臨朐南展開了激戰，從早上一直打到下午，還沒有決出勝負。參軍胡藩向劉裕建議說：「燕國所有的軍隊都出來作戰了，臨朐城中防守的兵力必定很少，我願意帶領一支奇兵從小道去攻取臨朐，這是以前韓信攻破趙國所用的戰術。」劉裕當即派胡藩等帶領一支軍隊繞過燕兵，直取臨朐，並揚言是從海上來的輕兵，結果一舉攻破臨朐。慕容超只好單身獨騎從城中逃出，去投奔城南的段暉。劉裕乘機指揮晉軍大舉進攻，燕兵大敗，晉軍斬殺段暉等十餘名將軍。慕容超帶領燕兵退回廣固，晉軍跟進並包圍了廣固，最終消滅了南燕。

這一戰，劉裕善於料敵，知彼知己，利用敵人的失誤，以戰車阻擋南燕的精騎，揚長避短，最終取得了勝利。反之，南燕慕容超卻棄險不守，致使縱敵深入，從而國破身亡。

兵之情主速

【名言】

兵之情主速，乘人之不及，由不虞之道，攻其所不戒也。

——《九地篇》——

【要義】

這句話的大意是：用兵的要旨就是靠行動迅速，乘敵人準備不足、措手不及的時機，走敵人意料不到的道路，去攻擊敵人沒有戒備的地方。用兵貴在神速，這幾乎是千百年來兵家的一貫主張。在古代交通不便下的情況，行軍速度是受很大限制的，而各種訊息的傳遞也同樣受到限制。因此，在這種情況下，迅速用兵往往能佔得先機，給敵人措手不及的打擊。

【故事】

三國時，魏明帝太和元年（二二七年），投降魏國的蜀國將軍孟達出任新城（治所今湖北房縣，轄境相當於今湖北保康、南漳、房縣、竹溪、竹山等縣）太守，封侯，假節。起初，在孟達投降以後，魏國對他十分優厚，而司馬懿卻認為孟達言行不一，不可委以重任，多次向朝廷進諫而沒有被接受。孟達出任新城太守後，成為魏國邊境上的重要勢力，他遂自認為是決定天下命運的人了。於是，孟達聯絡東吳和蜀國，企圖圖謀中原。蜀相諸葛亮厭惡孟達反覆無常，又害怕孟達成為蜀國的憂患。諸葛亮就利用孟達與魏國的魏興太守申儀有嫌隙，試圖促使孟達迅速起兵反魏。諸葛亮派郭模向魏國詐降，在經過申儀的地盤時，向申儀洩漏了孟達企圖聯合吳、蜀起兵的密謀。

孟達得知他的陰謀已經洩漏，決定馬上起兵。司馬懿也擔心孟達起兵後局勢難以收拾，就寫信給孟達，先穩住他，說：「將軍您原先拋棄了劉備，投奔到了魏國，魏國委派將軍邊境重任，並委任將軍圖謀蜀國的大事，魏國對將軍的信任可以說到極點了。蜀國不論聰明的還是愚笨的，沒有一個不對將軍您咬牙切齒的。諸葛亮一直想破壞您在魏國的地位，只是沒有辦法罷了。郭模所說的事情絕非小事，諸葛亮豈能輕易令他洩漏出來，這是很容易猜想得到的。」孟達得到這封書信後大喜，認為司馬懿不會懷疑他了，對到底是馬上起兵還是暫時不起兵，就猶豫不決了。

司馬懿當時屯守在宛（今河南南陽），他一面暗中向新城進軍攻擊孟達，一面向朝廷上奏說明情況。當時，軍中的諸位將軍說，孟達與吳、蜀兩國都有聯絡，應該觀望一下而後行動。司馬懿卻說：「孟達沒有信義，現在又是他正狐疑不決的時候，我們必須在他還沒有下定決心之前馬上處置此事。」於是，魏軍倍道兼行，僅用了八天的時間就快速地來到了新城城下。此時，吳國和蜀國也都派出軍隊前來救援孟達，司馬懿遂調集軍隊去阻擊，阻斷了他們之間的聯繫。

起初，孟達曾經寫信給諸葛亮說：「宛離洛陽有八百里，到我這裡有一千兩百里路，魏國方面的司馬懿聽說我要採取重大舉動，應當先上報天子，等待他接到天子的回覆，時間就過去一個月了。有這一個月的時間，我這裡的城池已經很堅固了，各種軍事準備也都預先做好了。這樣，我就有了底牌。司馬懿也一定不會親自來，如果是其他的將軍來，我就沒有任何憂慮了。」然而司馬懿突然來到孟達駐守的上庸城下，實實在在地給了孟達一個措手不及。孟達又寫信告訴諸葛亮說：「我才行動了八天，而魏國的軍隊就已經來到了城下，他們來得也太神速了。」

上庸城（今湖北竹山西南）三面有水，可以作為防守的天然屏障，孟達又在城外埋上木柵欄，進一步加固防守工事。司馬懿率軍渡水，破壞了孟達設立的木柵欄，一口氣攻到上庸城下。由於司馬懿是遠道而來，兵多糧少，不能作持久戰，於是，魏軍加緊攻城，兵分八路，一齊圍攻上庸。激烈的戰鬥進行了十六天，最後孟達的外甥鄧賢和部將李輔等打開城門投降，魏軍進城斬殺了孟達，並俘獲了叛軍一萬多人。司馬懿成功地平息了嚴重的軍事叛亂。

上庸之戰，司馬懿用兵迅速，不等孟達做好反叛的準備，就突然出擊，打了孟達一個措手不及，從而一舉擊敗孟達。

陷之死地然後生

【名言】

投之亡地然後存，陷之死地然後生。

——《九地篇》

【要義】

這句話的大意是：把軍隊投放在必亡之地然後才能保存下來，把士卒置於必死之地反而能得以生存。孫子在此看到了人們在絕境下的求生本能，並利用這種本能在危險的情況下轉危為安，進而奪取戰鬥的勝利。置之死地而後生，雖然從實踐上說不免有些殘酷，卻也是兵家一種無奈的選擇。

【故事】

在楚漢戰爭中，漢二年（前二〇五年），漢軍兵敗彭城，漢王出關後形成的鬆散聯盟在項羽強大的軍事攻擊下，迅速瓦解。繼塞王司馬欣、翟王董翳反漢降楚後，齊、趙也相繼與楚講和。到六月，魏王豹以回去探親為由，回到自己的封國並斷絕了與漢王劉邦的來往。

八月，劉邦派韓信將兵攻魏，韓信攻破魏國，俘獲了魏王豹，定魏地為河東郡。隨後劉邦又命令張耳和韓信一起，領兵向東進軍，北擊趙地和代地。

九月，漢軍擊敗代軍，擒獲了代相夏說。隨後，韓信、張耳便乘勝以兵數萬東下井陘（今河北井陘西北）攻擊趙國。

趙王歇、成安君陳餘聽說韓信的大軍將要攻擊自己，也集合了號稱二十萬的兵馬於井陘，等待韓信前來決戰。

這時，謀士廣武君李左車對成安君陳餘說：「我聽聞漢王的將軍韓信自渡過西河後，俘虜了魏王，生擒了夏說，又剛剛在閼與戰勝了代兵，喋血千里。現在，韓信得到張耳輔佐，計劃攻下趙國，這是乘著勝利離開自己的國家，到遠方的地方作戰，因此其兵鋒不可阻擋。我聽說出兵作戰而千里運送糧食，士兵的臉上就有飢餓的樣子，砍下薪柴來然後做飯，軍隊成天吃不飽飯。現在井陘道路的情況是這樣：兩輛馬車不能並行，騎兵不能成列地行軍。如此狹窄的道路有上百里，在這種形勢下，漢軍運送糧食的隊伍一定在後面。希望您能給我奇兵三萬人馬，由我指揮，從小道去斷絕漢軍的輜重糧食；而您深挖壕溝高築營壘，固守在此不與漢軍交戰。漢軍向前不得交戰，後退又不能回去，我有奇兵斷絕敵人的後方補給，使敵人在曠野中無所搶掠，不用十天，韓信、張耳兩人的頭顱就可送到您的面前。希望您能注意聽取我的計策。不然的話，您一定會被那兩位將軍擒獲。」

成安君是一個腐儒，常常自稱義兵而拒絕使用詐謀奇計，因此他說：「我聽兵法上說，比敵人多十倍的兵力就包圍他，多一倍的兵力就與敵人作戰。現在韓信的軍隊號稱數萬，其實不過幾千人。他們跋涉千里來襲擊我，已經疲憊到極點了。面對這樣的敵人卻避而不攻擊它，如果以後再碰到更加強大的敵人，我們該怎麼辦！如此的話，各地的諸侯就會認為我膽怯，從而輕視我們，頻頻地攻擊我們。」但成安君不聽從廣武君的計策，廣武君的這一正確可行的計策遂得不到執行。

韓信派出間諜打探趙軍的情況，間諜探明了廣武君的計策不被採用後，回來報告，韓信大喜，這才敢放心地帶領軍隊進入井陘狹道，向趙地進軍。韓信來到距離井陘口三十里的地方，命令部隊安營紮寨休息。到了半夜時，韓信傳令軍隊集合出發，從中挑選出輕騎兩千人，每人拿著一面漢軍的紅色旗子，從山邊的小道秘密接近趙軍軍營，韓信命令他們：「趙軍看見我軍退走，一定會全部出動追擊我軍，你們迅速進入趙軍的營壘，拔去他們的旗幟，樹立上我們漢軍的旗幟。」韓信又命令裨將先供應士兵們一點飯菜，讓每人吃了一點，說：「今天擊敗趙軍後，我再與諸位吃個飽飯。」

各位將領沒有一人相信他們能在一天內擊敗趙軍，就都假裝答應說：「好。」

韓信又對一名軍吏說：「趙軍已經佔據了有利地勢，他們還沒有見過我這大將軍的旗鼓，不肯前來攻擊我軍，恐怕我軍要退到險要有利的地形。」

於是，他先派出一萬人出營進發，背綿蔓水列陣。背水為陣向來是兵家的大忌，趙軍望見後都大笑不止。天亮之後，韓信命令軍隊豎起大將旗鼓，敲著鼓走出井陘口，向趙軍營壘進發。趙軍也出動與漢軍交戰，雙方大戰了許久。於是，韓信、張耳佯裝失敗，拋棄了旗鼓，向原先設立在水邊的軍陣退去。

趙軍見漢軍敗走，果然全部出動爭奪漢軍的旗鼓，同時追逐韓信、張耳等部隊。韓信、張耳卻帶領部隊與水邊的軍隊會合，雙方在河邊再度展開激烈的戰鬥。此時，漢軍面對多於自己數十倍的趙軍，卻不能再後退，因為他們的背後就是河水，他們就是想退也沒有地方可退了。因此，漢軍人人做殊死的戰鬥，竟然能苦苦地支撐下去。

就在雙方激戰的同時，韓信派出的兩千騎兵早就守候在趙軍軍營附近。他們見時機一到，立即衝入空無一人的趙軍營壘，全部拔掉趙軍的旗幟，改立上漢軍的兩千面旗幟。

趙軍與漢軍激戰良久，趙軍不能取勝，就想退回自己的營壘，但他們看到的卻是自己的軍營中飄揚的全是漢軍軍旗，都大驚失色，以為漢軍已經俘獲了趙王及諸位將領，於是大亂，各自四處逃散，即使他們的將領連殺數人，也無法禁止他們逃跑。漢軍乘機前後夾擊，把趙軍打得大敗，殺死了成安君陳餘，生擒了趙王歇。

擊敗消滅了趙軍後，漢軍中的諸位將軍前來上報戰功，都向韓信祝賀勝利，問道：「兵法上說右邊靠山陵，左前方是水澤，不可佈陣。今天將軍命令我等反為背水陣，又說打敗趙軍後會餐，我們都還不信服。然而我們按照您的部署去做，竟然打勝了，您用的這是什麼法術？」

韓信回答說：「這在兵法上就有，只是諸位沒有注意到罷了。兵法上不是說『把軍隊投放在死亡之地然後才能保存下來，把士卒置於必死之地反而能得以生存』嗎？再說我韓信素來不是能安撫諸位的，這是所謂的『驅趕著市人而迫使他們參戰』，在這種形勢下必須把士兵投放到死地，使他們人人為生存而拚死作戰；如果給他們能夠生存的活地，就都逃散了，我哪裡還能使用他們戰勝敵人！」諸位將領聽後，都表示非常佩服，說：「這正是我等不及將軍您的地方。」

以火佐攻者明

【名言】

以火佐攻者明，以水佐攻者強。

——《火攻篇》

【要義】

這句話的大意是：用火輔助進攻的，明顯地容易取勝；用水輔助進攻的，攻勢可以得到加強。戰爭中無論是使用火攻還是使用水攻，都是一種特殊的戰鬥形式。戰爭是追求勝利的，只要能打敗敵人，使用什麼樣的手段並不重要，重要的是所使用的手段，應該在什麼樣的時機和場合下使用。孫子對此有清醒的認知。火攻必須有有利的天候條件，火攻的目的是燒營寨、積蓄、輜重、倉庫、糧道，給敵方增加困難，擾亂敵人，乘機取勝。作為極其有效的戰爭手段，火攻和水攻時常被兵家使用。

【故事】

東漢靈帝中平元年（一八四年），黃巾軍從各地同時起義，聲勢浩大，組織有方。他們迅速攻佔了許多州郡，迫使許多地方官員紛紛逃命。這給予即將滅亡的東漢朝廷極大震撼。朝廷命令皇甫嵩為左中郎將，和右中郎將朱儁一起，共發五校兵、三河騎兵及招募來的精兵四萬多，共同討伐潁川（今河南潁水流域）一帶的黃巾軍。

潁川地區的黃巾軍是在一個叫波才的人率領下活動的。朱儁率領的那一支軍隊被波才擊敗後，潁川一帶的形勢對漢軍十分不利。於是，黃巾軍乘勝進攻皇甫嵩，皇甫嵩進駐長社（今河南長葛東北）自保。波才遂率領黃巾大軍包圍了長社。

當時，皇甫嵩的兵力大大地少於黃巾軍，被困於孤城中的漢軍，人人心中滋生出了一種害怕恐懼的情緒，它就像一團濃霧一樣瀰漫開來，對士氣形成了極大影響。皇甫嵩對此有所察覺，就招集軍中的大小將領，給他們鼓氣，並說：「用兵有奇正的變化，不在哪方的兵力多少。現在我觀察了一下敵情，發現敵人是在柴草多的地方安營，這就容易受到火攻。如果我們乘著夜間放火，燒掉敵人的軍營，敵人一定會驚慌失措大亂不止。我們的軍隊再乘機出城發起猛烈攻擊，一定能打敗敵人。當年田單以火攻破敵的場面，在我們這裡就可以出現了。」

在皇甫嵩的鼓舞下，軍中的情緒穩定下來了，而且火攻作戰的計劃也安排部署妥當了。

這一天晚上，老天似乎在幫助漢軍，颳起了大風，順風點火，風助火勢，正是實施火攻的有利時機。皇甫嵩命令士兵每人拿一束柴草登上城牆，又從軍中招募勇士，命他們偷偷出城，四下放火，並且高聲大呼。頓時，黃巾軍周圍火光四起，城上的士兵也舉起火把呼應。皇甫嵩乘機擂鼓，率領一支軍隊出城衝向敵人，黃巾軍果然驚慌失措，紛紛潰散。

長社一戰，皇甫嵩利用火攻，化被動為主動，成功地擊敗了黃巾軍。至於三國時代的赤壁之戰、猇亭之戰等，都是利用火攻的著名戰例。

非利不動

【名言】

非利不動。

——《火攻篇》

【要義】

孫子兵學是以利為其思想核心的，這在《孫子兵法》中有充分論述。利構成了孫子兵學的出發點。這句話的大意是：不是有利的就不採取軍事行動。孫子在下文中又說：符合國家利益的就行動，不符合國家利益的就停止。軍事行動以國家利益為準繩，說明傳統兵學一直是以理性的態度看待戰爭的。這一原則依然是現代兵學的重要指導思想。

【故事】

戰國後期，秦國一統天下的野心已經是路人皆知的事了。強秦的兵力一點一點地蠶食著山東六國的土地，每一戰的後果，幾乎不論秦軍的勝負結果如何，秦國都能得到土地的實利。有了土地，就有了人口，因此，秦國也就更加強大。

秦國繼昭襄王四十七年（前二六〇年）長平大戰後，又於第二年的十月乘勝奪取了上黨郡，隨後秦軍在白起的指揮下，一分為二，一支由王齕率領攻取了皮牢，一支由司馬梗率領平定了太原（今山西句注山、霍山之間的地區）。韓國、趙國對秦的銳利攻勢都深感害怕，就派蘇代去賄賂秦國的丞相應侯范睢。范睢也嫉妒白起的功績，就答應了兩國的求和，條件是韓國割讓垣雍，趙國割讓六座城池。到昭襄王四十九年的正月，各方都罷兵不戰了。白起聽到這個消息後，從此與應侯就有了嫌隙。

在昭襄王四十八年的九月，秦還曾派出一支軍隊，由五大夫王陵率領去進攻趙國的都城邯鄲。此時，正值白起病重得不能走動的時候，白起便從前線回到了秦國。這支軍隊沒有受到停戰協議的影響。但是，從這一年的十月到昭襄王四十九年的正月，王陵進攻邯鄲，卻沒有什麼收穫。秦繼續給王陵增派援兵，王陵反而在前線損失了五校的人馬。秦軍失敗的原因，一是白起與應侯之間內部有了嫌隙，一是秦軍的殘暴與貪得無厭激起了趙國及其他國家的義憤。白起的病這時已經康復了，秦王就想派白起代替王陵做前線的大將。武安君白起對當時的形勢一清二楚，他說：「邯鄲實在不容易攻破，而且諸侯要救援的話，只一天即可抵達。那些諸侯許久以來就十分怨恨秦國，如今我們秦軍雖然攻破了長平的趙軍，而秦軍也死傷過半，致使國內兵力空虛，再跋山涉水地去爭奪人家的都城，趙國從內應戰，諸侯從外攻擊，我軍必定被攻破，所以我軍不可攻打邯鄲。」秦王見白起不肯受命，又派應侯前去說服他，白起託言生病，依然拒絕，不肯出征。

秦王請不動白起，就改派王齕代替王陵為大將，在八、九月份繼續圍攻邯鄲，但秦軍除了增加傷亡外，還是沒有什麼進展。楚國派春申君及魏公子領兵十萬救援趙國，對秦軍發起強大攻擊，秦軍被內外夾擊，死傷慘重。秦軍失敗的消息傳到國內後，武安君說：「大王不聽我的計劃，如今怎麼樣？」昭襄王聽到了白起的話後，心中極為憤怒，但他只能強壓心中的怒火，繼續要求白起出兵。白起依然認為形勢不利，還是假託病情嚴重，不肯出兵。秦王又派應侯來勸說，白起還是不答應。於是，憤怒中的秦王遂免除白起的所有官位，貶為士兵，並把他流放到陰密。三個月後，諸侯反而圍攻秦國，秦軍屢次敗退，遭受到更大的失敗。

秦昭襄王不聽白起的勸告，一意用兵，不計利害，結果慘遭一連串的失敗，最後反受到諸侯的攻擊。秦的失敗顯然違反了孫子所謂的「非利不動」的原則。

主不可以怒而興師

【名言】

主不可以怒而興師。

——《火攻篇》

【要義】

孫子對戰爭可謂是慎之又慎，對戰爭的嚴重後果更有清醒的認知，因此，他總是以理性的態度對待戰爭。這句話的大意是：國君不可因為憤怒而發動戰爭。孫子在下文中又說：憤怒了還可以恢復到高興，而國家滅亡了就不能再恢復了。人在憤怒的時候是容易失去理智的，而失去理智後做事往往不計後果。如果一個國家的國君在這樣的情況下發動戰爭，其後果就不堪設想了，輕則損兵折將，重則身亡國破。歷史上的許多戰爭案例一再證明了孫子所要求的理性對待戰爭，是多麼的正確。

【故事】

東漢末年，孫、劉聯軍在赤壁擊敗曹操後，三國鼎立的局面開始形成。但是，三國的勢力並不均衡，曹操據有北方廣大地區，資源豐富，兵多將廣，人才濟濟，又有天子在手，可以挾天子以令諸侯，勢力最為強大；孫吳佔據江東，深得江東地方勢力的支持；劉備在赤壁大戰後謀取了荊州和益州，勢力最為弱小。孫、劉的聯合雖然暫時遏止了曹操南下的步伐，但是，孫、劉之間也有深深的嫌隙，即荊州問題。

荊州是三方各自蓄謀爭奪的戰略要地。曹操新敗於赤壁，暫時無力爭奪，而孫吳對劉備奪取了荊州卻一直耿耿於懷。獻帝建安二十四年（二二〇年），東吳的陸遜乘關羽全力攻打曹仁之時，襲取了荊州，並殺害了關羽。劉備為此大怒，關羽是跟隨劉備多年的部將，因此，孫、劉雙方的衝突迅速激化。

第二年，即劉備即位的章武元年七月，劉備為報東吳殺害關羽之仇，起大兵進攻東吳。趙雲勸諫劉備說：「真正的國賊是曹操，而不是孫權，您應該先出兵消滅魏國，那麼孫吳自然會降服於我。曹操雖然已經死了，但是他的兒子曹丕卻篡奪了漢室王位，您應當順應民心，早點圖謀關中，從黃河、渭水的上游順流而下，討伐大逆不道的曹魏，那麼關東的義士就一定會攜帶乾糧牽著戰馬前來迎接王師。您不應該把大敵魏國棄置一邊，先與東吳交戰；而且戰爭一旦發生，就不能很快地結束。」

但是，怒火中燒的劉備是聽不進任何勸說的。秦宓也以天時不利為由勸說，反而受到下獄的懲罰。其他眾大臣也紛紛勸阻。但是，這一切的勸阻絲毫沒發揮作用，反而堅定了劉備討伐東吳的決心。

與此同時，孫權派人送書前來求和，劉備也不答應。在劉備進軍的途中，跟隨劉備多年的張飛被手下部將張達等人殺害，張達等拿著張飛的人頭，順江而下投奔了吳軍，這自然使劉備的憤怒火上加油。

東吳的將軍李異、劉阿等屯駐在巫（今重慶巫山）、秭歸（今湖北秭歸）防守。蜀漢的將軍吳班、馮習在巫攻破了李異等人的防守，漢軍於是向前推進到了秭歸。武陵（今湖北沅江流域以西、貴州東部及廣西北部）一帶的少數民族五溪蠻派使者來要求出兵助陣。

章武二年二月，劉備率軍從秭歸順江而下，從巫峽至夷陵（今湖北宜昌東），連營數十里。將軍馮習為總指揮，張南為前部先鋒，輔匡、趙融、廖淳等各為一路人馬的指揮，鎮北將軍黃權率領江北的各路軍隊，又得武陵夷的相助，與吳軍在夷陵相持不下。東吳孫權命陸遜為大都督，率領五萬人前來抵擋。

兩軍相持到夏天的六月，陸遜見劉備捨棄水軍而依靠步兵，在江南岸處處結營，推測劉備沒有更好的計策，便上書孫權，請孫權高枕無憂。

陸遜雖然奪取了荊州，並且又被任命為大都督，但是由於年輕，致使軍中許多老將對他並不看重。因此，一些將軍說：「攻擊劉備應當在敵人初入我方領土的時候，現在敵人已經深入我地五、六百里，相互對抗也有七、八個月了，敵人在各個要害的地方都有重兵固守，這時再攻擊敵人一定沒有什麼利處。」

陸遜說：「劉備是個狡猾的敵人，再加上他經歷的事多，他的軍隊開始集結的時候，全軍上下思慮一致，不可輕易冒犯。現在相持已經很長一段時間了，敵人一直沒有從我方得到什麼便宜，他的士兵已經疲勞，他的意圖也受到阻止，他沒有更好的計謀了，打敗敵人是時候了。」

陸遜命令軍隊先攻擊劉備的一個軍營，結果進攻不利。各位將軍又譏諷陸遜說：「這是在白白地消耗我們的士兵。」陸遜則說：「我已經知道攻破敵人的辦法了。」

當時，劉備結營在草木茂盛的地帶，又是天氣炎熱的季節，易受火攻。因此，陸遜命令士兵每人拿一把乾草，以火攻進擊劉備的大軍。結果一舉成功，火勢連天，使劉備的軍營成了一片火海。這就是《三國演義》小說中說的「火燒連營七百里」。

同時，陸遜率領各路人馬一齊進攻，一連攻破劉備的四十多個軍營，殺死了蜀漢的將軍張南、馮習及武陵夷的首領。杜路、劉寧等見大勢已去，被迫投降了吳軍。劉備匆忙中集結起軍隊在附近的馬鞍山上防守，陸遜則指揮各軍包圍了劉備，吳軍的攻勢使劉備的最後努力也土崩瓦解，漢軍死亡的人有數萬，幾乎塞滿了長江，至於各種舟船物資則損失殆盡。

劉備從猇亭（今湖北枝城北長江北岸）狼狽地逃回到了白帝城（今重慶奉節東北）。吳將李異、劉阿等率軍尾隨劉備而進，原先丟失的領地全部奪了回來。劉備憤恨交加說：「我竟然被陸遜這個無名小子所羞辱，這難道不是天意嗎！」

劉備住在白帝城，這使孫權依然十分不安，就派人前來求和。劉備經此沉重打擊，也不得不與孫吳言和。失敗的屈辱陰影在劉備心中一直不能消失，劉備遂一病不起，第二年就死在了白帝城。

吳、蜀猇亭之戰，以劉備的大敗而告終，劉備也因此而送命。劉備失敗的一個重要原因就是在憤怒之下而失去理智，輕率地出兵，忘記了與孫吳應是聯盟關係而非生死對手，又長時間地與吳軍對峙，致使自己的軍隊陷入困境，最終被陸遜擊敗。劉備在此正犯了「主不可以怒而興師」的錯誤。

將不可以慍而致戰

【名言】

將不可以慍而致戰。

——《火攻篇》

【要義】

這句話的大意是：將帥不可因為氣憤而出陣求戰。孫子在下文中又說：人氣憤了還可以恢復到高興，但是人死了就不能再復生了。生命的不可重複性使孫子要求為將者的條件之一是智。智不僅意味著智慧，也意味著理性。理性即計算勝負，作戰有利與否，絕不是衝動下的求戰、盲戰。

因此，孫子又針對將帥易怒的特點，一方面告誡自己的將領不要輕易動怒，另一方面則建議多方挑逗敵人以激怒他。孫子正是看到人有喜怒哀樂等情感，這些情感往往是人的弱點。指導戰爭就是要從人的弱點上尋找突破點並加以利用。歷史上這方面的戰例是不勝枚舉。

【故事】

東周襄王十九年（前六三三年），楚成王與陳國、蔡國、鄭國、許國聯合出兵，攻打宋國。宋國派公孫固到晉國求救。先軫說：「報答宋國贈馬的恩惠，同時確定我國的霸主地位，這正是一個大好時機。」狐偃說：「楚國剛與曹國訂交，又與衛國新婚，如果我們派兵去攻打曹、衛，楚兵一定會前往救援，那麼宋國或許可以免除兵災。」重耳在當年流亡的過程中，曹國國君曾經對他有無禮行為，所以晉國出兵首先攻打曹國。

第二年的春天，晉文公向衛國借道攻打曹國，衛人不答應，晉軍只得迂迴從河南渡水，襲擊曹國，同時攻打衛國。衛君想與晉國訂立盟約，晉人不答應。衛侯又打算與楚人聯合，國人卻不願意，國人就將衛侯趕出國都以求晉人的諒解。楚軍前來救援衛國，已經來不及了。晉軍圍困曹國，並攻入他們的都城。而在宋國，楚軍並沒有分出大軍前來救援，反而加緊了對宋國的攻打。宋國苦苦防禦，再次向晉國求援告急。晉國的國君重耳曾經因內亂在外流亡十九年，他先後得到了許多國家的幫助，其中宋國和楚國都對重耳有恩惠。晉文公重耳如果救宋國，則必須進攻楚國，但楚國對他有過大恩，他並不想攻打楚國；另一方面，他又十分想救援宋國，以報答宋國的恩惠。為此，重耳對救與不救宋國進退兩難，猶豫不決，不知如何是好。先軫說：「將曹伯逮捕起來，並分曹國、衛國的土地給宋國，楚軍一定會救援曹、衛，就此形勢看，必定會解脫宋國的圍困。」於是，文公聽從了這一計謀，而楚成王也就從宋國退兵了。

但是楚國的大將子玉卻說：「君主對晉侯重耳極為厚道，如今他明知道楚國急於拉攏曹、衛兩個國家，卻故意攻打他們，這簡直是輕蔑君王您。」

楚成王說：「晉侯在外流亡了十九年，遭受困厄的時候也很久了，如今他能夠得以回國為君，真是備嘗了各種患難，所以他能使用他的國民，這是上天所要幫助的，誰也阻止不了他的行動。」楚成王不同意出兵與晉國交戰。

子玉見楚成王不出兵，就又要求自己帶一支部隊去與晉國較量一下，他說：「雖然不敢說這一行動一定能成功，但願以此行動來阻止國內那些好進讒言的口舌。」

楚王非常生氣子玉的自大，所以只給了他少量的軍隊。子玉在當年重耳流亡到楚國的時候，就有殺死重耳的想法，因為他意識到日後與楚國爭奪霸權的將會是重耳，只是由於楚王的阻止才沒有實現。

於是，子玉派宛春去通知晉侯，只要他恢復衛侯的君位並封曹君，那麼楚軍也願意釋放對宋國的圍困。咎犯說：「那子玉簡直是無禮，我們的國君只取得了其一，楚臣卻要求其二，不可答應他。」

先軫又說：「鎮撫他國是一種符合禮的措施，楚人一句話而安定衛、曹、宋三國，卻由於你的一句話而失去和平，這是我國的無禮行為，不答應楚人的要求，就是等於棄絕宋國，不如我們暗中答應曹、衛來引誘楚國，逮捕宛春以激怒子玉，等兩國交戰以後再作打算。」

於是，晉侯在衛國將宛春逮捕起來，並私下答應恢復曹、衛，曹、衛兩國隨即與楚國斷絕邦交。

子玉對此十分憤怒，立刻率領部隊攻打晉軍。

晉文公命令軍隊後退，軍士們說：「我軍為什麼後退？」文公說：「以前我流亡到楚國的時候，受到了楚成王的熱情接待，曾經答應他們一旦不幸兩國交兵，我就退避三舍（一舍三十里，三舍九十里。）。現在既然如此，我怎麼可以違背原先的諾言。」

楚軍上下見到晉軍後退了，也都想乘機離去，因為楚軍統帥作為子臣而迫使晉侯後退，在氣勢上已經足夠有面子了。但是憤怒不已的子玉卻不肯後退，而是命令軍隊緊追不捨。晉侯後退的同時，又向其他的盟國求助。晉軍退到城濮（今山東鄄城西南）的時候，已經後退了九十里，這時宋、齊、秦三國的軍隊也趕來助陣。楚軍尾隨而來，雙方經過交戰，楚軍失敗。楚成王本不願與晉國交戰，失敗的消息傳來，他便派人去責備子玉，子玉在回國的路上只好自殺了。

晉楚城濮之戰，楚將子玉的要求被晉人拒絕後，他惱怒萬分，求戰心切，在晉軍退避三舍的情況下，依然求戰不已，最後終於導致了楚軍的失敗。孫子所謂「將不可以慍而致戰」的告誡，在此戰中得到了說明。

內間者，因其官人而用之

【名言】

內間者，因其官人而用之。

——《用間篇》

【要義】

孫子在本篇中提出了使用間諜的五種類型，即因間、內間、反間、死間、生間，這是其中的第二種用間方法。這句話的大意是：所謂的內間，就是引誘敵方的官吏為我所用。孫子以極其明智態度對待戰爭，認為戰前必須準確、及時地獲得敵方的軍事情報。而要做到這一點，不可祈求於鬼神，不可用相似的事例去類比推測，不可用夜間觀察星辰的運行度數去驗證，一定要從了解敵情的人那裡獲得。這種實事求是和實地調查的精神，一直是兵家立於不敗之地的基礎。

【故事】

唐朝武德三年（六二〇年）的七月，秦王李世民率領軍隊討伐自稱「鄭帝」且佔據中原的王世充，一路東進，直逼洛陽北面的北邙。唐軍遂形成了對洛陽的圍攻之勢，從秋天一直圍攻到該年的冬天。猛烈的攻勢迫使原屬於王世充勢力範圍內河南一帶的許多郡縣都投降了唐軍，王世充固守在洛陽中只得派人向佔據河北一帶稱雄的竇建德求救，竇建德答應了。

武德四年的三月，竇建德為營救王世充舉軍進至成皋之東原（今河南滎陽東北），對唐軍形成夾擊之勢。當時，李世民還沒有能夠攻克洛陽，這使唐軍面臨腹背受敵的危險。因此，唐軍中對於竇建德的到來，就有了戰與退兩種意見。一些將領如蕭瑀、屈突通、封德彝等人，都主張退兵以避其鋒芒；而郭孝恪、薛收等人則主張一戰。

李世民分析了當時的形勢後，決定先迎頭痛擊竇建德。於是，唐軍留下一部分兵力繼續攻打洛陽，其他大軍則在李世民的帶領下拔營東進，搶先佔據了武牢關（即虎牢關，唐改為武牢關，今河南滎陽汜水鎮西的汜水關），迎擊竇建德。兩軍交鋒，互有死傷，遂形成膠著對峙狀態。

竇建德軍中的謀士凌敬，見不能立刻擊敗唐軍，達到救援王世充解圍的目的，就向竇建德建議說：「大王您應該率領大軍北渡黃河，攻取懷州（今河南焦、沁陽、武陟、修武、博愛、獲嘉等縣市）的河陽（今河南孟縣南），然後派一位大將駐守在那裡；您則繼續敲鑼打鼓地向北進軍，越過太行山，進入上黨（今山西和順、榆社以南，沁水流域以東）地區，以收先聲奪人之效果，而後再以軍事實力逼近，上黨一帶就可以傳檄而定；然後，您揮軍再趨壺口（又名壺關山，今山西長治東南），稍稍驚擾一下蒲津（今山西永濟西蒲州，為歷代戰守必爭之地），完全佔據河東之地。這是目前所有策略中的最上策。如果您按我說的去實行，一定會有三個有利的方面：一是軍隊進入沒有重兵防守的地區，您的軍隊也就有了不被攻擊的安全；二是開拓了領土，得到了兵員；三是洛陽的圍困也自然就化解了。」竇建德一聽，極為贊同，就計劃實施這一軍事行動，給唐軍沉重打擊。

但是，被圍困在洛陽的王世充卻不希望竇建德走開，他害怕竇建德離開後，李世民會全力以赴地攻擊自己。因此，王世充得知凌敬的計劃後，便派出使者長孫安世來到竇建德的軍中，暗中以黃金收買竇建德的諸位將領，使他們阻止凌敬的計劃，打亂竇建德的安排。

這些將領果然見錢眼開，都紛紛到竇建德面前勸阻說：「凌敬只是一介書生罷了，他哪裡有資格談論戰爭問題。」並堅決要求在此地與李世民決一死戰。

竇建德迫於眾人的反對，只得服從眾人。竇建德處理完軍務後，回到自己的住處向凌敬道歉說：「現在眾人的志氣極高，眾心一致，這是老天在贊助保佑我！因此，我決心與唐軍進行決戰，我軍一定會取得大捷的。我已經同意了眾人的意見，不能聽從您的建議了。」凌敬據理力爭，說什麼也不肯放棄自己的建議，引得竇建德大怒，竟被竇建德命令親信拖了出去。

於是，竇建德的軍隊進逼武牢關，與李世民展開了生死決戰。李世民用兵如神，指揮軍隊擊敗了竇建德的軍隊。在混戰中，竇建德受傷逃竄到牛口渚後，被唐車騎將軍白士讓、楊武威活捉了。竇建德的失敗極大地鼓舞了唐軍的士氣，同時也極大地打擊了王世充的士氣。於是，王世充在絕望中只好投降。

在這次戰鬥中，王世充成功地利用「內間」計謀阻止了凌敬的正確計劃。這一用間計謀不僅戲劇性地葬送了竇建德，而且也使王世充自己戲劇性地陷入了走投無路的境地，最後只有投降了事。

文經閣　圖書目錄

典藏中國：

01	三國志 -- 限量精裝版	秦漢唐	定價：199元
02	三十六計 -- 限量精裝版	秦漢唐	定價：199元
03	資治通鑑的故事 -- 限量精裝版	秦漢唐	定價：249元
04	史記的故事 -- 限量精裝版	秦漢唐	定價：249元
05	大話孫子兵法 -- 中國第一智慧書	黃樸民	定價：249元
06	速讀 -- 二十四史 -- 上下	汪高鑫李傳印	定價：720元
08	速讀 -- 資治通鑑	汪高鑫李傳印	定價：380元
09	速讀中國古代文學名	汪龍麟主編	定價：450元
10	速讀世界文學名	楊坤　主編	定價：380元
11	易經的人生64個感悟	魯衛賓	定價：280元
12	心經心得	曾琦雲	定價：280元
13	淺讀《金剛經》	夏春芬	定價：200元
14	讀《三國演義》悟人生大智慧	王　峰	定價：240元
15	生命的箴言《菜根譚》	秦漢唐	定價：168元
16	讀孔孟老莊悟人生智慧	張永生	定價：220元
17	厚黑學全集【壹】絕處逢生	李宗吾	定價：300元
18	厚黑學全集【貳】舌燦蓮花	李宗吾	定價：300元
19	論語的人生64個感悟	馮麗莎	定價：280元
20	老子的人生64個感悟	馮麗莎	定價：280元
21	讀墨學法家悟人生智慧	張永生	定價：220元

人物中國：

01	解密商豪胡雪巖《五字商訓》	侯書森	定價：220元
02	睜眼看曹操 - 雙面曹操的陰陽謀略	長　浩	定價：220元
03	第一大貪官 - 和珅傳奇（精裝）	王輝盛珂	定價：249元
04	撼動歷史的女中豪傑	秦漢唐	定價：220元
05	睜眼看慈禧	李　傲	定價：240元
06	睜眼看雍正	李　傲	定價：240元
07	睜眼看秦皇	李　傲	定價：240元
08	風流倜儻 - 蘇東坡	門冀華	定價：200元
09	機智詼諧大學士 - 紀曉嵐	郭力行	定價：200元
10	貞觀之治 - 唐太宗之王者之道	黃錦波	定價：220元
11	傾聽大師李叔同	梁　靜	定價：240元

12	品中國古代帥哥	頤 程	定價：240元
13	禪讓 -- 中國歷史上的一種權力遊戲	張 程	定價：240元
14	商賈豪俠胡雪巖(精裝)	秦漢唐	定價：169元
15	歷代后妃宮闈傳奇	秦漢唐	定價：260元
16	歷代后妃權力之爭	秦漢唐	定價：220元
17	大明叛降吳三桂	鳳 娟	定價：220元
18	鐵膽英雄—趙子龍	戴宗立	定價：260元
19	一代天驕成吉思汗	郝鳳娟	定價：230元
20	弘一大師李叔同的後半生 - 精裝	王湜華	定價：450元
21	末代皇帝溥儀與我	李淑賢口述	定價：280元
22	品關羽	東方誠明	定價：260元
23	一代女皇武則天	秦漢唐	定價：220元

中國四大美女新傳

01	壹 沉魚篇 -- 西施	張雲風	定價：260元
01	貳 落雁篇 -- 王昭君	張雲風	定價：260元
01	參 閉月篇 -- 貂蟬	張雲風	定價：260元
01	肆 羞花篇 -- 楊貴妃	張雲風	定價：260元

智慧中國

01	莊子的智慧	葉 舟	定價：240元
01-1	莊子的智慧 - 軟皮精裝版	葉 舟	定價：280元
02	老子的智慧	葉 舟	定價：240元
02-1	老子的智慧 - 軟皮精裝版	葉 舟	定價：280元
03	易經的智慧	葉 舟	定價：240元
03-1	易經的智慧 - 軟皮精裝版	葉 舟	定價：280元
04	論語的智慧	葉 舟	定價：240元
04-1	論語的智慧 - 軟皮精裝版	葉 舟	定價：280元
05	佛經的智慧	葉 舟	定價：240元
06	法家的智慧	張 易	定價：240元
07	兵家的智慧	葉 舟	定價：240元
08	帝王的智慧	葉 舟	定價：240元
09	百喻經的智慧	魏晉風	定價：240元
10	道家的智慧	張 易	定價：240元
10-1	道家的智慧 - 軟皮精裝版	張 易	定價：280元

經典智慧名言故事

張樹驊主編　沈兵稚副主編

01	《老子》《莊子》智慧名言故事	林忠軍	定價：240元
02	《孫子兵法》智慧名言故事	張頌之	定價：240元
03	《詩經》智慧名言故事	楊曉偉	定價：240元
04	《周易》智慧名言故事	李秋麗	定價：240元
05	《韓非子》智慧名言故事	張富祥	定價：240元
06	《孟子》智慧名言故事	王其俊	定價：240元
07	《論語》智慧名言故事	王佃利	定價：240元
08	《禮記》智慧名言故事	姜林祥	定價：240元
09	《國語》智慧名言故事	牟宗豔	定價：240元
10	《尚書》智慧名言故事	張富祥	定價：240元

國家圖書館出版品預行編目資料

《孫子》智慧名言故事 / 張頌之 編
-- 一版. -- 臺北市 :廣達文化，2009.11
; 公分. -（經典智慧名言叢書：02)（文經閣）
ISBN 978-957-713-428-8 (平裝)
1. 孫子兵法 2.格言 3.通俗作品
592.092 98015531

本書感謝齊魯出版社授權出版

經典智慧名言叢書：02

《孫子》智慧名言智慧

編者：張頌之

主編：張樹驊
副主編：沈冰稚

文經閣
出版者：廣達文化事業有限公司
Quanta Association Cultural Enterprises Co. Ltd

發行所：臺北市信義區中坡南路路 287 號 4 樓
電話：27283588　傳真：27264126
E-mail：siraviko@seed.net.tw

本公司經臺北市政府核准登記 登記證為局版北市業字第九三二號
印　刷：卡樂印刷排版公司　　　裝　訂：秉成裝訂有限公司

代理行銷：創智文化有限公司
臺北縣中和市建一路 136 號 5 樓　電話：22289828　傳真：22287858

一版一刷：2009 年 11 月

定　價：240 元

文經閣

貧者因書而富
富者因書而貴

文經閣

貧者因書而富
富者因書而貴